Do You speak Katze?
No, only a paar Kratzer.

Zu diesem Buch

Katzen sind in der Lage, sich sprachlich exakt auf einen Gesprächspartner einzustellen. Sie können ihren Ausdruck sehr gezielt adressieren. Für die Kommunikation mit Artgenossen, anderen Tieren und ihrem Personal setzen Katzen gleichermaßen Körpersprache und Stimme ein. In ihrem sati(e)rischen Wörterbuch für Katzenhalter und solche, die es noch werden wollen, erklärt Isabella Renitente humorvoll und mit Wortwitz die Grundbegriffe der Katzensprache und wie die Katze funktioniert.

Isabella Renitente wurde 1955 in Bielefeld geboren. Sie ist Rechtsanwältin und lebt mit ihrem „Kuhkater" Sir Henry Veneziano von Gukamien und seiner rotgestreiften Gefährtin Lady Amelie in einem Dorf im Norden von Hannover. Bekannt wurde Isabella Renitente durch ihren satirischen Roman „Der Chaoskater" und ihre Satiren rund um den Flamenco, die in der Flamencofachzeitschrift ¡anda! erschienen sind. „...absurde Komik. [...] turbulent, schnoddrig, witzig: Katzenfreunde werdens mit Freude fressen." *Neue Presse* über „Der Chaoskater"

Weiteres zur Autorin: *www.isabella-renitente.de*

Isabella Renitente

Do you speak Katze?
No, only a paar Kratzer.

Ein sati(e)risches Wörterbuch

Bibliografische Information der Deutschen Nationalbibliothek:
Die Deutsche Nationalbibliothek verzeichnet diese Publikation in der Deutschen Nationalbibliografie; detaillierte bibliografische Daten sind im Internet über http://dnb.d-nb.de abrufbar.

Fotos: Isabella Renitente
Satz, Umschlaggestaltung, Herstellung und Verlag:
Books on Demand GmbH, Norderstedt
ISBN: 978-3-8423-0486-4

Für Karola

Der Kater, gottlob, ist vergänglich.
Doch Katzen hat man lebenslänglich.
Eugen Roth

Inhalt

Einleitung

Menschen, die Katzen nicht mögen, müssen in ihrem früheren Leben eine Maus gewesen sein. Wenn Sie dieses Buch aufgeschlagen haben, gehören Sie vermutlich nicht zu den wiedergeborenen Mäusen. Oder Sie sind einfach weit überdurchschnittlich leidensfähig und belastbar.

Die Haltung von Katzen als Heimtiere nimmt ständig zu. Inzwischen hat die Katze im Wettlauf um die Gunst der Menschen den Hund ganz offensichtlich geschlagen. In deutschen Haushalten leben schätzungsweise mehr als sechs Millionen Katzen, Tendenz steigend. Kein anderes Tier hat mit seiner Schönheit, seinem Charme und seiner selbstbewußten Persönlichkeit eine so enge Beziehung zum Menschen entwickelt. Ein beträchtlicher Teil von ihnen lebt überwiegend oder ausschließlich in Wohnungen. Zwei von ihnen haben 400-Mäuse-Jobs in einer norddeutschen Anwaltskanzlei.

Eine katzengerechte Haltung und die Vermeidung unerwünschter Verhaltensweisen sind bei einem Zusammenleben auf engem Raum nur dann möglich, wenn der Katzenhalter seinem Mitbewohner Liebe, Verständnis für die biologischen Bedürfnisse und Toleranz entgegenbringt. Und er sollte Geduld haben. Viel Geduld. Es wird dauern, bis er gelernt hat, wie seine Katze funktioniert.

Dieses Buch soll dazu beitragen, Kommunikationsprobleme zwischen Mensch und Katze zu vermeiden und Mißverständnisse aufzuklären. Es basiert auf Beobachtungen an mitteleuropäischen Wohnungskatzen beiderlei Geschlechts. Mit „Katze" sind im Folgenden daher auch Kater gemeint.

Sind Sie wirklich reif für eine Katze?

Sie haben sich entschlossen, eine Katze in Ihren Haushalt aufzunehmen. Das ist gut. Aber sind Sie sich auch der Tragweite Ihrer Entscheidung bewußt? Wissen Sie, was da auf Sie zukommt? Bedenken Sie, daß Katzen zuweilen ein hohes Alter erreichen können und in der Regel vom Umtausch ausgeschlossen sind. Und wenn Sie Ihre Katze über das Internet beziehen, steht Ihnen kein Widerrufsrecht zu. Auch dann nicht, wenn Sie merken, daß das Tier nicht so ganz Ihren Erwartungen entspricht oder sich nicht so wie geplant entwickelt.

Woran erkennt man(n) auf den ersten Blick einen Katzenhalter? (Katzenhalter in diesem Sinne ist auch die Katzenhalterin)

- Seine Arme und Beine sind von Kratzern übersät.
- Er hat Schrammen auf der Stirn und am Kinn.
- Er trägt keine dunkle Kleidung, keinen Cord, keinen Samt.
- Er trägt keine Nylonstrümpfe, keine Seidenrollis und kein Bändchengarn.
- Er schließt hinterher *immer* den Klodeckel.
- Kühlschrank und Vorratsschrank sind mit Vorhängeschlössern gesichert.
- Er zwinkert Ihnen zu, weil ihm Katzenhaare unter die Kontaktlinsen geraten sind.
- Er öffnet die Tür immer nur einen sehr schmalen Spalt breit und schaut dabei konzentriert auf seine Füße.
- Er begrüßt den Paketboten in tief gebückter Demutshaltung, weil er verhindern will, daß die Katze durch die offene Tür entweicht.

Machen Sie also hier den Test. Sind Sie wirklich (schon) reif für eine Katze oder sollten Sie es erst einmal mit einem Hamster oder einer Sportameise versuchen?

- Stellen Sie am Fußende Ihres Bettes eine Mausefalle auf. Spannen Sie sie, um sicherzustellen, daß sie zuschnappt, wenn sich Ihre Zehen auch nur geringfügig bewegen sollten.

- Legen Sie einen großen Sack Kartoffeln mitten auf Ihr Bett und üben Sie, auf der Bettkante zu schlafen. Wiederholen Sie nach einer Woche die Übung und verwenden Sie dabei eine deutlich kleinere Bettdecke als gewohnt.
- Bearbeiten Sie die Fronten Ihrer Holzmöbel mit einem spezialgehärteten Sägemesser oder einer Drahtbürste und zählen Sie bis zehn.
- Reißen Sie kleine Löcher in Ihre Gardinen.
- Arbeiten Sie ein Stück sehr alten Ziegenkäse sorgfältig in den Teppich/ Teppichboden ein, schließen Sie hermetisch alle Fenster und Türen, drehen Sie die Heizung auf und lassen Sie die Masse zwei Wochen lang einwirken.
- Gewöhnen Sie sich an, unter jeden Toilettendeckel zu schauen, bevor Sie spülen.
- Legen Sie, wenn Sie gerade Ihre Wohnung frisch geputzt haben, eine benutzte Babywindel unter Ihr Lieblingsregal.
- Gewöhnen Sie sich auch an, in jede Geschirrspülmaschine und in jede Waschmaschinentrommel zu sehen, bevor Sie die Klappe schließen und das Programm starten.
- Üben Sie, immer darauf zu achten, ob noch jemand nach Ihnen in den Raum huscht, bevor Sie die Tür heranziehen. Schlagen Sie nie wieder voreilig oder im Zorn eine Tür hinter sich zu.
- Nehmen Sie einen Medizinball in beide Hände, legen Sie sich ins Bett, strecken Sie die Arme ganz nach oben und lassen Sie den Medizinball auf Ihren Bauch fallen (die Damen bitte auf ihre Milchdrüsen). Wiederholen Sie die Übung morgens um kurz vor vier.
- Bestreichen Sie Ihre beste Kleidung mit Katzenhaaren, und zwar dunkle Haare auf helle Kleidung und helle Haare auf dunkle Kleidung.
- Verteilen Sie eine Handvoll Sägespäne auf dem Fußboden Ihrer Wohnung und laufen Sie barfuß darüber. Wiederholen Sie die Übung mit feuchten Füßen.
- Mischen Sie einen Teelöffel sehr reifen Munsterkäse mit ein paar Tropfen Baldriantinktur, streichen Sie die Masse auf ein Stück Alufolie und legen Sie die Folie auf die mindestens handwarme Heizung, ersatzweise auf den Toaster. Lassen Sie die Masse ein paar Tage lang „arbeiten".

- Streichen Sie mit einer Muskatreibe über Ihren Lieblingspulli aus Kaschmir.
- Geben Sie ein paar Katzenhaare in Ihre erste Tasse Tee am Morgen und auf Ihr Frühstücksbrot.
- Reißen Sie mit einer grobzinkigen Salatgabel Löcher in Ihr nagelneues Jerseyspannbettuch.
- Benutzen Sie, wenn Sie am Schreibtisch sitzen und arbeiten, nur die vorderen fünf Zentimeter der Sitzfläche. Harren Sie in dieser Haltung mindestens zwei Stunden lang aus.
- Cremen Sie sich nach dem Duschen mit einer reichhaltigen Bodylotion oder einem Massageöl ein und streichen Sie dann mit einer Handvoll Verbandswatte locker über Dekolleté und Arme.
- Feuchten Sie Ihre Hände an, berühren Sie einenWattepad und setzen Sie dann unverzüglich Ihre Kontaktlinsen ein.
- Kippen Sie einen Korb frisch gewaschener Wäsche um und verteilen Sie die Wäsche im Hausflur.
- Verteilen Sie Ihre Unterwäsche und Slipeinlagen kurz vor dem Eintreffen Ihrer Gäste im Wohnzimmer.
- Zerfetzen Sie mit einer Gabel Toilettenpapier, während Sie die Rolle aufhängen, und verteilen Sie lose Blätter im ganzen Bad.
- Legen Sie kleine, handliche Gegenstände wie Lippenstifte, Tampons, Sektkorken, Schlüssel, Teelichte, getrocknete Blüten etc. zum Einweichen in eine Schale Wasser.
- Werfen Sie eine Handvoll Tischtennisbälle in Ihre Badewanne.
- Rühren Sie aus einem Eßlöffel Mehl und einem Teelöffel Wasser eine Masse an, die Sie mit einem Wattepad auf Tische und Kommoden tupfen.
- Nehmen Sie Ihren neuen Schwibbogen aus dem Erzgebirge, klettern Sie auf eine Leiter und lassen Sie den Lichterbogen auf das Parkett krachen. Wiederholen Sie die Übung mit Ihrer englischen Kaminuhr aus dem Jahr 1896.
- Schütten Sie den Inhalt des Papierkorbs auf dem Teppich aus, vorzugsweise kurz bevor Ihr Besuch eintrifft.

- Geben Sie zwei Eßlöffel Mousse au Chocolat im Wohnzimmer auf den Teppich und zwingen Sie sich, erst abends nach der Arbeit die Stelle zu reinigen.
- Entfernen Sie alle Radiergummis von Ihren Bleistiften und denen Ihrer Kinder.
- Kaufen Sie eine Tüte Katzenspielzeug und verteilen Sie den Inhalt unter den Sofas, den Regalen und unter dem Kühlschrank. Stehen Sie nachts um 2:15:38 Uhr auf und üben Sie, das Spielzeug mit einem Besenstiel wieder hervorzuholen.
- Gewöhnen Sie sich an, alle Lebensmittel in fest schließende Frischhaltedosen zu verpacken.
- Kaufen Sie einen großen Sack Reis und stanzen Sie mit einer Nagelschere kleine Löcher in die Folie. Tragen Sie den Sack einmal durch die Wohnung.
- Stellen Sie immer einen großen Topf mit Wasser auf eine heiße Herdplatte oder auf das Kochfeld.
- Bringen Sie Sicherheitsschlösser an Schüben und Schranktüren an und einen Panzerriegel an der Wohnungstür/Haustür. Verstecken Sie die Schlüssel.
- Üben Sie, Hühnerfleisch in viele kleine Stücke zu zerteilen, so daß eine Katze nicht gleich die ganze Brust stehlen kann.
- Streichen Sie warme Mahlzeiten von Ihrem Speiseplan, sofern sie nicht in der Mikrowelle oder im Backofen zubereitet werden.
- Ziehen Sie einen alten Topfreiniger aus Stahlwolle kraftvoll über Ihre Stirn, Arme und Beine.
- Reißen Sie mit einer Drahtbürste kleine Löcher in Ihre Strumpfhosen und fahren Sie in die Oper, ins Kino, zu einem wichtigen Vorstellungsgespräch oder zu einem Date, ohne vorher die Strumpfhose zu wechseln. Wiederholen Sie die Übung mit dunklen Strümpfen/Strumpfhosen.
- Springen Sie kurz vor dem Ende des Freitagskrimis aus dem Fernsehsessel, kriechen Sie hinter den Fernseher und schreien Sie „Nein, nicht in das Kabel beißen!".
- Schreiben Sie einen 10 Seiten langen Brief, ohne ihn zu speichern, und drücken Sie dann auf Ihrem Notebook die Taste „Entf".

- Stellen Sie in der Küche ein Dessertschälchen auf den Boden. Verteilen Sie drei Löffel Reste von einer Fischmahlzeit darum und lassen Sie die Essensreste über Nacht antrocknen.
- Cremen Sie sich die Hände ein und berühren Sie dann sämtliche Glas- und Spiegelflächen in Ihrer Wohnung, auch die Fensterscheiben und den Bildschirm Ihres Computers.
- Verteilen Sie feine Haferflocken auf Ihrem Sofa und auf der Tastatur Ihres Notbuchs.

- Ziehen Sie an einem kalten, verregneten Tag warme Wollsocken an, wickeln Sie eine flauschige, weiche Fleecedecke um eine Wärmfasche, legen Sie sich damit auf Ihr Sofa oder setzen Sie sich vor den Kamin und essen Sie ein großes Stück Ihrer Lieblingsschokolade oder eine Portion Tiramisu. So fühlt es sich an, wenn Ihre Katze behaglich in Ihrem Arm schläft.

Wenn Sie diese Übungen ohne psychotherapeutische Unterstützung vollständig absolviert haben, sich trotzdem immer noch in Ihren vier Wänden und in Ihrer gewohnten Kleidung wohlfühlen, Ihre Nachbarn Sie *noch nicht* meiden und Sie es immer noch wagen, ungeschminkt unter die Leute zu gehen, dann sind Sie wirklich

reif für eine Katze.

Herzlichen Glückwunsch!

Katzen sind besser als Männer

Die neue Katze ist angekommen, und der Haussegen hängt überraschend schief? Oder ist ein neuer Sahneprinz in Ihr Leben getreten? Hat er Sie vor die Wahl gestellt: die Katze oder ich? Das war unklug, sehr unklug. Katzen sind besser als Männer. Deutlich. Und unschlagbar.

- Eine Katze liegt nicht das ganze Wochenende unter einem Auto, um den Motor zu frisieren.
- Eine Katze hört Ihnen stundenlang zu.
- Für eine Katze müssen Sie nicht abspecken und sich nicht die grauen Haare färben.

- Sie dürfen zehn Jahre lang dieselbe Frisur tragen.
- Einer Katze ist es egal, ob Sie ein D-Körbchen oder ein A-Körbchen tragen.
- Eine Katze liebt Sie, auch wenn Sie nicht geschminkt sind.

- Sie müssen keine Migräne simulieren, wenn Sie nur kuscheln möchten.
- Katzen haben einen erotischen Gang und einen perfekten Körper. Männer bilden sich das nur ein.
- Katzen zerkratzen Ihnen nicht mit einem Dreitagebart das Gesicht.
- Eine Katze rasiert sich nicht den Schädel kahl, wenn sich ihr Haupthaar lichtet.
- Eine Katze raucht nicht im Bett und pinkelt nicht im Stehen.
- Eine Katze macht Ihnen keine Szene, wenn Sie sich schon wieder ein Paar Schuhe gekauft haben.

Katzen sind besser als Frauen

Sie leben seit 23 Jahren mit Ihrer Katze zusammen und liebäugeln mit dem Gedanken, die Dame Ihres Herzens in die KG (Katzengemeinschaft) aufzunehmen? Vergessen Sie es! Begnügen Sie sich mit Ihrer alten Katze.

- Einer Katze ist es egal, ob Sie eine Zahnpastatube in der Mitte quetschen, Barthaare im Waschbecken verteilen und im Stehen pinkeln.
- Eine Katze schimpft nicht, wenn Sie einen Dreitagebart tragen.
- Einer Katze ist es nicht wichtig, welches Auto Sie fahren, was Sie von Beruf sind und wie hoch Ihr Einkommen und Ihr Kontostand sind.
- Eine Katze fragt nicht, wo Sie waren und ob Sie sie lieben.
- Ihre Katze weiß, daß sie schön ist.
- Ihre Katze ist nicht eingeschnappt, wenn Sie den Geburts-, Kennenlern-, Hochzeits-, Einzugs- oder Namenstag vergessen.
- Eine Katze kasteit sich nicht tagsüber mit Möhrchen und verdünnten Obstsäften, um dann nachts den Kühlschrank zu plündern. Und wenn sie es doch tut, hat sie nicht hinterher eine miese Laune.
- Ihre Katze stellt sich nicht vor Sie hin, fragt Sie erwartungsvoll, ob Ihnen etwas auffällt, und ist dann gekränkt, wenn Sie ratlos den Kopf schütteln.
- Ihre Katze braucht keine Brillanten und keine teuren Parfums.
- Eine Katze plündert niemals Ihr Konto und fragt auch nicht, wofür Sie Ihr Geld ausgeben.
- Sie müssen nicht dem Vater Ihrer Katze erklären, wie Ihre beruflichen Perspektiven aussehen und wann Sie eine Führungsposition einnehmen werden.
- Sie müssen der Mutter Ihrer Katze keine Komplimente machen und keine Blumen schenken.
- Ihre Katze braucht nicht mehrmals im Jahr neue Kleidung.
- Ihre Katze klappert nicht auf High-Heels durch Ihre Wohnung und stanzt auch keine Löcher ins Parkett.
- Ihre Katze rümpft nicht die Nase, wenn Sie abends nach dem Job in Ihre ausgebeulte Jogginghose steigen und es sich mit einem Bier und Chips auf dem Sofa gemütlich machen.

- Eine Katze blockiert nicht morgens zwei Stunden lang das Badezimmer.
- Eine Katze hinterläßt keine Lippenstiftflecken auf Ihrem Hemd.
- Ihre Katze will nie wissen, mit wem Sie vor Ihr zusammen waren.
- Und Sie dürfen mehrere Katzen gleichzeitig haben.

Katzen sind praktischer als Hunde

Haben Sie etwa mit dem Gedanken gespielt, anstelle einer Katze doch lieber einen Hund anzuschaffen? Gewiß, Hunde haben ihre Vorzüge. Hunde sind treu. Sie apportieren die Tageszeitung oder Herrchens Hausschuhe und geben Laut, wenn nachts Einbrecher um das Haus schleichen. Manche sehen auch ganz gut aus. Und einige sind sogar ganz drollig.

Und die Katze? Sie ist nicht immer treu, aber …

- Eine Katze ist schön.
- Katzen sind stolz. Eine Katze geht nicht mit einer Zeitung oder einem Stöckchen im Maul spazieren. Eine Katze würde sich auch nie dazu herablassen, einen Schlitten zu ziehen oder bei der Polizei als Drogenfahnder zu jobben.
- Eine Katze kann sich ihr Fressen (zur Not) selbst fangen.
- Katzen müssen nicht Gassi gehen.
- Katzen haben einen eigenen Willen.
- Katzen sind großzügig; sie geben Ihnen ungefragt von ihren Mäusen etwas ab.
- Katzen sind nicht steuerpflichtig.
- Eine Katze schnarcht kaum.
- Katzen können ihre Krallen einfahren, wenn sie wollen.
- Katzen jagen keine Postboten und keine Jogger.
- Katzen bellen nicht, wenn es schellt.
- Katzen beißen erst, wenn sie eine Person kennen.
- Katzen springen unaufgefordert auf den Schoß.
- Katzen sabbern nicht.
- Sie kauen nicht an den Füßen Ihres antiken Wohnzimmerschranks.
- Katzen stinken nicht nach nasser Wolle, wenn sie aus dem Wasser kommen.
- Katzen landen immer auf den Pfoten.
- Katzen können sich ganz klein machen.

- Katzen haben einen erlesenen Geschmack. Sie fressen nicht alles, was man(n) ihnen vorsetzt.
- Katzen sind pünktlich. Eine Katze weckt Sie auch am Sonntagmorgen stets zur gewohnten Zeit.
- Eine Katze läßt Sie (eventuell) in Ihrem Bett schlafen. Schlagen Sie das mal Ihrem Hund vor!
- Eine Katze jault nicht, wenn die Hündin Ihrer Nachbarn läufig ist.
- Katzen haben die feineren Tischmanieren. Sie würden nie mit schmutzigen Pfoten über den Eßtisch marschieren.
- An einem schwül-heißen Tag hechelt eine Katze Ihnen nicht ins Gesicht.
- Eine Katze wälzt sich nicht in Hundekot, Schafskötteln oder totem Fisch.
- Eine Katze pupt nicht im Auto.
- Eine Katze vergräbt keine angenagten, nach Verwesung stinkenden Knochen im Garten.
- Eine Katze zerrt selten an der Leine.
- Eine Katze rennt an einem Regentag nicht mit schlammigen Pfoten über den weißen Wohnzimmerteppich.
- Eine Katze gräbt keine tiefen Löcher in den Rasen.
- Eine Katze spielt nicht mit einem quietschenden Gummihuhn.
- Eine Katze pflegt ihre Zähne nicht mit stinkenden Büffelhautknochen oder getrockneten Schweineohren.
- Eine Katze schaufelt keinen Fluchttunnel unter dem Gartenzaun.
- Katzen jagen keine Hasen.
- Eine Katze baut sich nicht nachts im Garten vor einem Igel auf und kläfft die gesamte Nachbarschaft aus dem Bett.
- Katzen müssen nicht einmal im Jahr zum Friseur.
- Katzen wühlen nicht im Komposthaufen.
- Eine Katze macht es sich nicht mit einem frischen Stück Pansen in Ihrem Bett gemütlich.
- Eine Katze leckt Ihnen nicht morgens kurz vor sechs hektisch durchs Gesicht.
- Eine Katze präsentiert nicht Ihrem Besuch ihr Lieblingsspielzeug.

- Eine Katze winselt nicht im Auto.
- Eine Katze verrichtet ihr großes Geschäft nicht in aller Öffentlichkeit und schon gar nicht mitten auf dem Gehweg.
- Eine Katze wälzt sich nicht nach dem Baden mit nassem Fell in Ihrem Bett.
- Eine Katze kaut nicht auf Ihrer Zahnbürste.
- Eine Katze beschnüffelt nicht den Hintern eines Hundes.
- Eine Katze schnurrt, wenn es ihr bei Ihnen gefällt.
- Eine Katze ist umweltfreundlich. Der Verbrauch natürlicher Ressourcen für Futter etc. läßt sich in Fläche umrechnen. Die Futterproduktion pro Katze und Jahr beansprucht 0,15 Hektar. Ein kleiner Hund hingegen braucht umgerechnet 0,28 Hektar, ein mittelgroßer Hund sogar 0,84 Hektar Fläche, also mehr als zwei Geländewagen.
- Eine Katze hält sich nicht für den Nabel der Welt.

Oder?

Paradox ist,
wenn Sie Ihre Katze „Mäuschen“ nennen.

Kätzereien

Ich habe drei Haustiere, die dieselbe Funktion erfüllen wie ein Ehemann: einen Hund, der jeden Morgen knurrt, einen Papagei, der den ganzen Nachmittag lang flucht, und eine Katze, die nachts spät nach Hause kommt.
Marie Corelli

Katzen sitzen immer an der falschen Seite einer Tür. Läßt man sie raus, wollen sie rein, läßt man sie rein, wollen sie raus.
Yolanda, Florida

Katzen sind Hunde mit Hochschulabschluß.
Grace Hodgson

Für eine Katze gibt es keinen triftigen Grund, einem anderen Tier zu gehorchen, auch nicht wenn es auf zwei Beinen steht.
Sarah Thompson

Katzen leben nicht mit dir, sie verweilen bei dir.
Pam Brown

Einen Hund muß man halten, aber die Katze, die hält sich den Menschen, weil sie findet, daß ihre Leute recht nützliche Haustiere sind.
George Mikes

Die Katze gibt vor, zu schlafen, um desto klarer sehen zu können.
François-René Vicomte de Chateaubriand

Ein Hund sitzt neben dir, während du arbeitest. Eine Katze sitzt auf deiner Arbeit.
Pam Brown

Wer einen Hund besitzt, der ihn anhimmelt, sollte auch einen Kater haben, der ihn ignoriert.
alte Weisheit

Fällt ihre Katze vom Baum, gehen Sie besser ins Haus, um zu lachen.
Patricia Hitchcock

Wenn sie dich dessen erachtet, wird eine Katze dein Freund sein, niemals dein Sklave.
Theophile Gautier

Wie jeder, der eine Weile mit einer Katze zusammengelebt hat, weiß, haben Katzen unendlich viel Geduld mit den Grenzen des menschlichen Verstands.
Cleveland Amory

Unter all den Geschöpfen dieser Erde gibt es nur eines, das sich keiner Versklavung unterwerfen läßt. Dieses eine ist die Katze.
Mark Twain

Für die Maus ist die Katze ein Löwe.
Albanisches Sprichwort

Wenn ich mit meiner Katze spiele, bin ich mir nie ganz sicher, ob nicht ich ihr Zeitvertreib bin.
Michael de Montaigne

Katzen lieben Menschen viel mehr, als sie zugeben wollen, aber sie besitzen so viel Weisheit, daß sie es für sich behalten.
Mary E. Wilkins Freeman

Das Letzte, was ich einer Katze nachsagen würde, ist Harmlosigkeit.
Edward Paley

Die Katzen sind die einzigen vierbeinigen Lebewesen, die dem Menschen klargemacht haben, er müsse sie versorgen, sie bräuchten aber nichts dafür zu tun.
Kurt Tucholsky

Hunde kommen, wenn sie gerufen werden. Katzen nehmen die Mitteilung zur Kenntnis und kommen gelegentlich darauf zurück.
Mary Bly

Man kann nichts in die Tiere hinein prügeln, aber man kann manches aus ihnen heraus streicheln.
Astrid Lindgren

Ob eine schwarze Katze Unglück bringt oder nicht, hängt davon ab, ob man ein Mensch ist oder eine Maus.
Max o' Rell

Ein Hund denkt: „Sie füttern mich, sie pflegen mich, sie kümmern sich um mich ... sie müssen Götter sein!" Die Katze denkt: „Sie füttern mich, sie pflegen mich, sie kümmern sich um mich ... ich muß eine Göttin sein!"

Alle beide, Hund und Katze, sind reich an Tugenden und Talenten, doch der Hund hat ein Talent zu viel: Er läßt sich dressieren. Und er hat eine Tugend zu wenig: Er ist ein Tier ohne Geheimnisse.
Erich Kästner

Könnte man Menschen mit Katzen kreuzen, würde dies die Menschen veredeln, aber die Katzen herabsetzen.
Mark Twain

Katzen sind schlauer als Hunde. Du wirst niemals acht Katzen dazu bringen, einen Schlitten durch den Schnee zu ziehen.
Jeff Valdez

Wenn sie dich dessen würdig erachtet, wird eine Katze dein Freund sein, niemals dein Sklave.
Theophile Gautier

Eine Katze ist ein Löwe in einem Dschungel kleiner Büsche.
Indisches Sprichwort

Auf die meisten Fragen über die Katze gibt es keine Antworten. Sie hat sich selbst 3000 Jahre lang in Geheimnisse gehüllt, und es hat keinen Sinn, sie jetzt begreifen zu wollen.
Virginia Roderick

Katzen wurden in die Welt gesetzt, um das Dogma zu widerlegen, alle Dinge seien geschaffen, um den Menschen zu dienen.
Paul Gray

Ein Katzenliebhaber kann seine aufmerksamen und kritischen kleinen Freunde unmöglich aufgeben, denn sie geben uns gerade so viel von ihrer Wertschätzung und Folgsamkeit, daß wir uns nach mehr sehnen.
Agnes Repplier

Jede Katze, der es mißlungen ist, eine Maus zu erwischen, gibt vor, sie wäre nach einem welken Blatt gesprungen.
Charlotte Gray

In den meisten Betten haben bis zu sechs Katzen Platz, ohne den legitimen Besitzer bis zu zehn.
StephenBaker

Katzen als Gattung haben die Hochnäsigkeit nie ganz abgelegt, die vom alten Ägypten herrührt, wo sie als Götter verehrt wurden.
P.G. Wodehouse

Der Hund mag wundervolle Prosa sein, aber nur die Katze ist Poesie.
Aus Frankreich

Ein Hund wird sich an drei Tage Freundlichkeit drei Jahre lang erinnern, eine Katze wird drei Jahre Freundlichkeit nach drei Tagen vergessen.
Japanisches Sprichwort

Der große Charme der Katzen besteht in ihrem alles übertreffenden Egoismus, ihrer Nonchalance gegenüber Verantwortung und ihrer Abneigung, sich auf ehrliche Weise ihr täglich Brot zu verdienen, alles außer ihren unmittelbaren Interessen schätzen sie gering.
Robertson Davies

Eine einzige kleine Katze macht das Heimkommen in ein leeres Haus zu einem Heimkommen.
Pam Brown

Auch Katzen beherrschen aus Instinkt die Grundregel, bei Übergewicht stets vorteilhafte Posen einzunehmen.
John Wity

Katzen sind Individualisten. Sie haben ihre eigene Meinung zu allem, einschließlich ihrer Besitzer.
John Dingman

Wir können die Seele der Katze niemals vollständig verstehen, wenn wir nicht selbst Katze werden.
St. George Mivart

Es gibt keinen furchtloseren Forscher als ein Kätzchen.
Jules Husson

Eine schlafende Katze ist stets hellwach.
Fred Schwab

Die Katze verhandelt nicht mit der Maus.
Robert K. Massie

Die meisten Katzen sehen so aus, als ob sie uns etwas Wichtiges sagen wollen. Und dann sagen sie es nicht!

Wie jeder Katzenbesitzer weiß, besitzt niemand eine Katze.
Ellen Perry Berkeley

Die Katze wurde geboren, als der Löwe nieste.
Arabisches Sprichwort

Versuche nie, eine Katze an Sturheit zu übertreffen!
Robert A. Heinlein

Wenn man sich mit der Katze einläßt, riskiert man lediglich, bereichert zu werden.
Sidonie-Gabrielle Colette

Eine Katze hat ihren eigenen Kopf, zwingt man sie zu irgendwas, macht sie genau das Gegenteil.
Thomas Sommerfeld

Die Katze ist ein Miniaturlöwe, der Mäuse mag, Hunde nicht leiden kann und den Menschen toleriert.
Werner Thielmann

Katzen sind die rücksichtsvollsten und aufmerksamsten Gesellschafter, die man sich wünschen kann.
Pablo Picasso

Keine Katze ist falsch. Es gibt wenige Tiere, in deren Gesicht der Kundige so eindeutig die augenblickliche Stimmung lesen könnte wie in dem der Katze.
Konrad Lorenz

Statt die Katze zu verjagen, stell den Teller weg.
Japanische Weisheit

Katzen merken immer, wenn es einem Menschen nicht so gut geht.
Thomas Sommerfeld

Wenn Tiere sprechen könnten, wäre der Hund ein ungeschickter Kamerad, der unverblümt seine Meinung herausbellt, während die Katze den seltenen Charme besitzt, nie ein Wort zuviel zu sagen.
Mark Twain

Was könnte lehrreicher sein, als die Selbstachtung einer Katze?
Peter E. Schumacher

Hat man eine Katze geschimpft und schaut man sie dann an, so wird man von dem häßlichen Argwohn befallen, sie könnte vielleicht jedes einzelne Wort verstanden haben. Jedenfalls macht sie ein Gesicht, als hätte sie alles genauestens notiert – um darauf zurückzukommen!
Charlotte Gray

Ich habe die Philosophen und die Katzen studiert, doch die Weisheit der Katzen ist letztlich um ein weites größer.
Hippolyte Adolphe Taine

Die Katze ist das einzige Lebewesen, dem es gelungen ist, den Menschen zu domestizieren.
Marcel Mauss

Die Katze ist der lebende Beweis, daß nicht alles in der Welt eine Funktion haben muß.
John F. Kennedy

In der Welt der Tiere ist eine kleine Katze dasselbe wie eine Rosenknospe in einem Garten.
Robert Southhey

Die Überlegenheit der Katze über den Hund zeigt sich darin, daß es keine Polizeikatzen gibt.
Jean Cocteau

Hast du ein Problem, frage deine Katze um Rat. Weiß deine Katze keine Antwort, ist es auch kein Problem.
Roland

Wenn eine Katze beleidigt ist, ist jeder Quadratzentimeter von ihr beleidigt. Sogar Männer und Frauen mit Macht und Intelligenz wurden von Katzen, die ihnen den Rücken kehrten, auf die Knie gezwungen.
A.P. Reilly

Ich habe nichts gegen eine Katze auf ihrem Platz. Aber dieser ist nicht mitten auf meinem Rücken, um vier Uhr morgens.
Maynard Good Stoddard

Katzen kann man nicht dazu bringen, irgend etwas Nützliches zu tun.
P. J. O' Rourke

Eine Katze ist nur technisch ein Tier, ansonsten ist sie göttlich.
Robert Lynd

Wenn ein Fisch die Bewegung des Wassers verkörpert, ihr Form verleiht, dann ist die Katze Diagramm und Muster der so viel feineren Luft.
Doris Lessing

Eine Katze ist in jeder Pose verkörperte Anmut. Ihr Anblick allein ist Erbauung.
Max Merten

Katzen, diese Wesen, haben die unmenschliche Geduld der Erde. Da ist ein Jahr, was für den Menschen nur eine Sekunde.
Christian Morgenstern

Die Katze ist immer eine Katze. Sie gleicht dem Menschen nicht. Da müßten wir lange daran arbeiten, um auch nur ein bißchen katzenartig zu werden.
Urs Widmer

Katzen sprechen mit den Augen.
Anja Meulenbeldt

Die Katzen halten keinen für eloquent, der nicht miauen kann.
Marie Freifrau von Ebner-Eschenbach

Das Ideal von Ruhe existiert in einer sitzenden Katze.
Jules Reynard

Wenn die Katzen sprechen könnten – würden sie schweigen.
Porter Nan

Niemand guckt so vorwurfsvoll wie eine Katze, die darauf wartet, gefüttert zu werden.
Henry James

Die Katze von Schnurrhaar bis Schwanz

Sie haben Ihre neue Katze nach Hause gebracht und ausgepackt. Jetzt bestaunen Sie dieses Wunder der Natur. Die schönen Augen, das seidige Fell, die samtigen Öhrchen, die weichen Pfoten, die formschönen, leicht geschwungenen Krallen. Mit Recht staunen Sie. Die Katze ist ein Meisterwerk. Und Ihre Katze ganz besonders.

Die durchschnittliche Hauskatze erreicht eine lichte Höhe von 30 cm und eine Länge von 40 bis 45 cm. Auf den Schwanz entfallen weitere 25 cm. Eine sprintende Katze bringt es bis auf etwa 50 km/h. Und mit einem einzigen Sprung kann eine Katze das Fünffache ihrer Körperlänge überwinden. Sie kann sich geschmeidig, geräuschlos und präzise fortbewegen. Sie kann sich zusammenrollen und dabei gleichzeitig die eine Hälfte des Rückens um 180 Grad zur anderen Hälfte drehen. Und sie ist ein Muster an Geduld. Auch im Umgang mit Ihnen.

Die Haltung einer Katze ist steuerfrei. Die Kosten für Anschaffung, Fütterung, Pflege und medizinische Versorgung halten sich in erträglichen Grenzen. Nahezu 30 Prozent ihres Lebens verbringt die Katze mit Putzen. Das ist mehr als manche Vollzeithausfrau auf die Beine stellt.

Wußten Sie, daß die Katze die Erfinderin des *Breakdance* ist? Wenn eine Katze auf Vogeljagd geht, pirscht sie sich im Schutz der Vegetation an. Sie schiebt sich im Schleichgang langsam vorwärts und erstarrt sofort, wenn sie meint, entdeckt worden zu sein. Sobald sie sich wieder unbeobachtet fühlt, setzt sie ihren Bewegungsablauf fort, um gleich darauf wieder ruckartig in der Bewegung „einzufrieren". Ihre Fortbewegung ähnelt dann etwas dem ruckenden Lauf eines alten, mechanischen Uhrwerks. Bein anspannen. Stop. Pfotenzucken. Stop. Pfote heben. Stop. Pfote weiter heben. Stop. Pfote vorschieben. Stop. Pfote weiter vorschieben. Stop. Pfote absenken. Stop. Pfote weiter absenken und Körper nachschieben. Stop. Pfote aufsetzen und Körper nachschieben. Stop. Andere Pfote anspannen. Stop. Pfotenzucken … Legendär sind auch die Bewegungen der Katze, die nicht erbaut von der Idee ist, für den Transport zum Tierarzt in einen Kennel gesteckt zu werden.

Wußten Sie, daß Katzen zwölf Beine haben? Ja? Zwei vorne, zwei hinten, zwei links, zwei rechts und an jeder Ecke eins.

Die Katze kann hervorragend sehen, vor allem in der Dämmerung. Die Augenoberfläche ist extrem nach außen gewölbt. Dadurch sind Blickwinkel und Lichteinfall wesentlich größer als beim Menschen. Der Lichteinfall beträgt etwa das Fünffache des menschlichen Auges. Auf bis zu 90 Prozent des Augenbereichs kann sich die Pupille der Katze erweitern. Blitzschnell paßt sie sich den wechselnden Lichtverhältnissen an. Katzenaugen besitzen außerdem mehr bewegungswahrnehmende Stäbchen als der Mensch. Die Katze kann dadurch die kleinsten Bewegungen registrieren. Glauben Sie daher nicht, Ihre Katze sähe es nicht, wo Sie die Leckerlis oder die Federbuschangel verstecken. Sie sieht es. Garantiert. Und sie wird sich daran zu gegebener Zeit erinnern.

Katzen sind auch in Hörleistung und Schallortung dem Menschen weit überlegen. Sie verfügen über Hochleistungsschallempfänger. Eine erwachsene Katze kann bis zu 70 Kilohertz hohe Frequenzen hören, eine junge Katze sogar bis zu 100 Kilohertz. Das sind eineinhalb Oktaven mehr als die vom Menschen wahrnehmbaren 18 Kilohertz. Die obere Hörgrenze des Hundes liegt bei 40 Kilohertz. Und ein Geräusch, das der Mensch nur mit Mühe registriert, nimmt die Katze auch bei einer 1000fach niedrigeren Schallintensität noch wahr. Die Ohrmuscheln können unabhängig voneinander auf eine Schallquelle ausgerichtet werden. Innerhalb von Sekunden ortet eine Katze daher beim Lauschangriff, woher die Musik kommt. Glauben Sie also nicht, Sie könnten sich jemals von Ihrer Katze unbemerkt aus der Wohnung schleichen. Sie wird Sie hören, auch wenn Sie erst in Erwägung ziehen, die Türklinke bei Gelegenheit zu berühren.

Katzen orientieren sich, anders als der Hund, hauptsächlich optisch. Der Hund ist ein sog. *Makrosomat*. Das ist nicht, wie Sie vielleicht zunächst vermuten möchten, ein Magenmittel gegen Sodbrennen und Völlegefühl oder eine besonders große Geschirrspülmaschine. Ein *Makrosomat* ist vielmehr ein Lebewesen, das in erster Linie in einer Geruchswelt lebt. Die Riechschleimhaut des Dackels ist 75 cm^2 groß, die des Schäferhundes 200 cm^2. Hunde besitzen 100 bis 200 Millionen Riechzellen. Die Riechschleimhat der Katze ist 20 cm^2 groß und enthält 60 Millionen Riechzellen. Die Riechschleimhaut des Menschen hingegen ist gerade mal 5 cm^2 groß und umfaßt 20 Millionen Riechzellen. Das mag erklären, warum manche Menschen äußerst sparsam im Umgang mit Wasser und Seife sind und ihre Dessous nicht mindestens einmal im Jahr zu den hohen Feiertagen wechseln.

Die Schnurrhaare (Vibrissen) auf der Oberlippe sind Tasthaare, die auf leichteste Berührungen reagieren und es der Katze ermöglichen, sich im Dunkeln zu orientieren. Mit den Schnurrhaaren mißt die Katze die Breite von Schlupflöchern (paßt der Kopf hindurch, paßt die ganze Katze) und sie kontrolliert beim Transport einer Maus Position, Verhalten und Lageveränderung des Beutetieres. Bei der katzentypischen Nase-an-Nase-Begrüßung liefern die Schnurrhaare zusätzliche Informationen über das Gegenüber.

Der Mensch rollt wie der Bär beim Gehen über die ganze Fußfläche ab. Die Katze hingegen setzt nur die Spitzen der Finger und der Zehen auf. Derbe Hornhaut schützt die Sohlenballen der Katzenpfote. Die Sohlenpolster verteilen das Körpergewicht gleichmäßig auf die Ballen. Beim Aufsprung wirken Sie wie Stoßdämpfer. Sie ermöglichen der Katze eine nahezu geräuschlose Fortbewegung und perfektes Manövrieren und Ausbremsen.

Wenn eine Katze geht, übernehmen die Hinterbeine fast die gesamte Vorwärtsbewegung. Die Vorderbeine wirken als Bremsen. Sie heben den leichten Vorwärtsschub weitgehend auf, sobald sie sich wieder vom Boden lösen. Anders als beim Hund berühren die einziehbaren Krallen den Boden beim Laufen nicht.

Katzen haben 18 Zehen. Die Krallen gehen aus dem letzten Zehenknochen hervor. Im Ruhezustand werden sie automatisch von den Sehnen umhüllt. Im Unruhezustand bohren sie sich in Ihre Schienbeine oder Waden, ziehen Fäden aus Ihren Pullovern oder schaben Streifen in die Hochglanzfronten edler Möbel.

Die ausgewachsene Katze hat 30 bleibende Zähne. Mit den kleinen Schneidezähnen ergreift sie Futter und pflegt ihr Fell. Mit den Fangzähnen packt sie zu (Mäuse, Handtücher, Waschlappen, Tampons, Slipeinlagen, Pantoffeln, Socken, Waden etc.) und tötet die Beute. Die Backenzähne zerschneiden und zerkauen Fleisch, Schnürsenkel, Kabel, Gürtel, Bleistifte, Radiergummis, Ziergräser, Schleifenbänder etc.

Die Katze prüft stets zunächst der Geruch des Futters, dann den Geschmack. Verglichen mit der Nase spielt die Zunge also nur eine untergeordnete Rolle. Auf der Katzenzunge befinden sich Gewebehügelchen (Papillen). Eine ausgewachsene Katze hat etwa 250 Papillen. Jede Papille weist bis zu 40000 Geschmacksknospen auf (der Mensch hat über 9000 Geschmacksknospen, der Hund etwa 2000). Die Katzenzunge kann salzig, bitter und sauer unterscheiden. Süßes hingegen schmeckt sie nicht. Bemerkenswert ist, daß die Katzenzunge auch Geschmacksknospen besitzt, die speziell für Wasser empfänglich sind.

Die Zunge einer Katze ist mit kleinen Widerhaken versehen, an denen beim Putzen des Fells abgestorbene Haare festkleben. Beim Trinken halten die Hornhäkchen die Flüssigkeitstropfen fest. Gern leckt die Katze auch mit ihrer rauhen Zunge ihrem Menschen über das Gesicht, wenn sie meint, es sei Sonntag, vier Uhr morgens und Zeit zum Aufstehen, Toben oder Frühstücken.

Den Schwanz setzt die erwachsene Katze als Balancierhilfe ein. Während eines Sprungs übernimmt der Schwanz die Steuerung. Bei der Landung dient er als Bremse. Mit ihrem Schwanz drückt die Katze aber auch

Stimmungen wie Unsicherheit, Unmut, Angst, Anspannung, Gelassenheit, Freude etc. aus. Wenn Sie Hundehalter sind, lassen Sie sich bitte nicht durch das „Schwanzwedeln" einer Katze zu voreiligen Zärtlichkeiten hinreißen. Heftiges Zucken mit dem Schwanz ist bei einer Katze selten ein Ausdruck großer Freude.

Sprechen Sie Katze?

Katzen sind in der Lage, sich sprachlich exakt auf einen Gesprächspartner einzustellen. Sie können ihren Ausdruck sehr gezielt adressieren. Bemerkenswert dabei ist, daß die rechte Körperhälfte einen anderen Ausdruck zeigt als die linke, je nachdem welche Seite sie dem Adressaten zuwendet. Die eine Seite wird für die Verständigung eingesetzt, die andere bleibt neutral (sog. Halbseiten-Mimik).

Für die Kommunikation mit Artgenossen, anderen Tieren und ihrem Personal setzen Katzen gleichermaßen Körpersprache und Stimme ein. Die Stimme ist für Katzen ein zentrales Instrument für Ausdruck, Wirkung und Gestaltung. Das Katzenleben stellt vielfältige Anforderungen an die Kommunikationsfähigkeit der Katze und damit auch an die stimmliche Ausdruckskraft und Belastbarkeit. Schon von Kindesbeinen an lernt die Katze die Präsenz im Raum und den Kontakt zu Feliden, Hunden, anderen Tieren und Menschen als Basis wirkungsvollen Miauens kennen. Im Zusammenspiel mit der Mutterkatze und ggf. den Geschwistern arbeitet sie an einem physiologischen Stimmeinsatz und daran, die eigene Maunzstimmlage zu finden und beizubehalten, auch und gerade unter Streß. Hierzu macht die kleine Katze, noch bevor sie die Augen richtig geöffnet hat, Körper-, Atem-, Stimm- und Artikulationsübungen. Noch vor den ersten Schritten hinaus in die große Welt gilt es, den persönlichen Klang und Ausdruck zu entdecken, der Sicherheit schenkt, den Inhalt zur Geltung bringt und die Dosenöffner anspricht.

Kaffee, Cola und Energydrinks entwässern den Körper. Sie schaden der Stimme ebenso wie Rauchen und der Genuß von Whiskey und sollten daher von Katzen unbedingt gemieden werden.

Stimmbänder werden kräftiger, wenn sie regelmäßig und gezielt trainiert werden, z. B. durch Singen. Der legendäre Katergesang ist daher nichts anderes als Training zum Thema „Stimme und Präsenz". Eine kraftvolle Stimme hat große Wirkung. Viele Studien zeigen das, und das Leben beweist es täglich: Wer monoton maunzt, hat verloren. Und das nicht nur dann, wenn es darum geht, Leckerchen zu schnorren oder morgens um vier Uhr aus dem Haus gelassen zu werden.

Die Katzenstimme drückt Autorität, Durchsetzungsvermögen, Glaubwürdigkeit und Kompetenz aus. Das haben führende Wissenschaftler bestätigt.

Die sprechende Schwanzspitze

Die Schwanzbewegungen und die Schwanzstellungen einer Katze sind sehr aufschlußreich. Wenn Sie wissen möchten, was in Ihrer Katze wirklich vor sich geht, schauen Sie genau hin.

rollt sich auf den Rücken, streckt die Beine so breit wie möglich zur Seite aus (Pluderhosenpose). Die Schwanzspitze zuckt ganz leicht.

Hey, schön daß du da bist. Könntest du mir bitte mal den Bauch kraulen? Und wenn du schon dabei bist, auch das Kinn, ja?

liegt auf dem Sofa, und Sie streicheln ihren Bauch. Die Schwanzspitze zuckt ganz leicht hin und her.

Das ist sehr angenehm, aber ich hätte jetzt lieber eine Friseurmassage.

liegt auf Ihrem Schoß, und Sie streicheln sie. Der Schwanz zuckt sanft hin und her.

Das nervt. Laß mich in Ruhe.

liegt auf dem Rücken, Sie massieren ihre Pfotensohlenreflexzonen. Der Schwanz peitscht im Drei-Sekunden-Takt ruckartig hin und her.

Ich bin kitzelig. Laß das!

liegt auf dem Rücken. Sie massieren ihre Leisten. Der Schwanz peitscht heftig hin und her.

Fünf Zentimeter weiter unten beginnt mein Intimbereich, der geht dich nichts an. Gar nichts, hörst du?

sitzt auf der Fensterbank und beobachtet einen Marienkäfer. Die Schwanzspitze zuckt ganz leicht.

Was ist das? Eine Spinne? Boah! Igittttt!

sitzt auf der Fensterbank und schaut nach draußen. Die Schwanzspitze zuckt.	*Was macht die Katze mit den langen Ohren, den vorstehenden Zähnen und dem kurzen Schwanz auf dem Rasen? Und was, bitteschön, ist ein „Hase"?*
sitzt auf der Fensterbank und schaut nach draußen. Die Schwanzspitze schlängelt ganz leicht hin und her.	*Heute ist aber auch gar nichts los. Boah, ist das öde!*
sitzt auf der Fensterbank und beobachtet den Dackel der Nachbarn. Der Schwanz peitscht heftig hin und her.	*Was macht denn dieses stinkende, zerfressene Mottenfell da? Ist der verrückt geworden?*
Sie öffnen die Haustür. bleibt auf der Schwelle stehen. Der Schwanz peitscht hin und her.	*Ich möchte raus, aber bei* **dem** *Wetter?*
Sie öffnen die Haustür. bleibt auf der Schwelle stehen. Der Schwanz peitscht hin und her.	*Ich möchte doch lieber drinnen bleiben.*
Sie öffnen die Haustür. bleibt auf der Schwelle stehen. Der Schwanz peitscht hin und her.	*Ich möchte raus. Ich möchte nicht raus. Ich möchte raus. Ich möchte nicht raus. Ich möchte raus …*
Sie öffnen die Haustür. bleibt auf der Schwelle stehen. Der Schwanz peitscht hin und her.	*Wer ist gerade draußen unterwegs? Muß ich mich aufregen?*
Sie öffnen die Haustür. bleibt auf der Schwelle stehen. Der Schwanz peitscht hin und her.	*Ist das da etwa ein Jogger? Hilfe! Was will der denn von mir?*

Sie kommen nach Hause und rufen . kommt auf Sie zu, mit senkrecht aufgestelltem Schwanz.	*Hey, schön daß du da bist. Hast du Lekkerchen mitgebracht?*
geht am Gartenzaun mit hoch erhobenem, an der Spitze gebogenem Schwanz auf und ab. Auf der anderen Zaunseite bellt ein Dackel.	*Krieg mich doch! Krieg mich doch! Olle blöde Töle!*
steht vor Ihnen. Sie massieren ihre Schwanzwurzel. Der Schwanz ist hoch erhoben. Die Schwanzspitze ist leicht gebogen.	*Boah, ist das ein geiles Gefühl! Mehr davon!*
steht im Garten und beobachtet geschäftige Bienen auf einem Phlox. Ihre Hinterbeine sind X-förmig zur Seite ausgestellt. Ihr Schwanz hängt herunter. Die Schwanzspitze rollt sich nach außen hoch.	*Was geht hier vor? Muß ich eingreifen?*
begegnet einer Katze, die sie kennt und die nicht immer nett zu ihr ist. Ihre Hinterbeine sind geschlossen. Der Schwanz hängt herunter und rollt sich nach innen.	*Will die etwa wieder Zoff? Blöde Zicke!*
sitzt aufrecht in der Sonne. Den Schwanz hat sie um die Pfoten gelegt (ägyptische Pose).	*Es geht mir saugut. Aber ich bin hellwach.*

liegt seitlich in der Sonne. Der Schwanz liegt reglos und gerade neben den Hinterbeinen.

Ich bin ganz entspannt. Eine Truthahnpastille wäre jetzt ganz nett, von mir aus auch zwei. Oder Käserollis.

liegt auf dem Bauch, den Kopf erhoben. Die Vorderpfoten sind untergeschlagen. Der Schwanz liegt reglos und in gerader Linie ausgestreckt (Mäusepose).

Ich bin entspannt, aber ich passe auf. Und wenn es sein muß, greife ich sofort ein.

liegt auf dem Bauch, den Kopf erhoben. Die Vorderpfoten sind parallel zueinander nach vorn ausgestreckt, Der Schwanz liegt rechts eng am Körper (Sphinx).

Boah, bin ich entspannt.

liegt auf ihrem Kratzbaum. Der Schwanz hängt locker über den Rand nach unten.

Bitte nicht stören.

liegt auf dem Bauch, den Kopf erhoben, die Ohren nach vorn. Die Vorderpfoten sind untergeschlagen. Der Schwanz liegt ruhig rechts neben dem Körper.

Ich beobachte, was hier los ist, aber ich greife nicht ein.

liegt auf dem Bauch, den Kopf erhoben, die Ohren nach vorn. Die Vorderpfoten sind untergeschlagen. Der Schwanz liegt ruhig rechts neben dem Körper. Die Schwanzspitze klopft ganz leicht auf und ab.

Ich beobachte, was hier los ist, und überlege, wann es Zeit ist, einzugreifen.

liegt auf dem Bauch, den Kopf erhoben, die Ohren nach vorn. Die Vorderpfoten sind untergeschlagen. Der Schwanz liegt ruhig rechts neben dem Körper. Die Schwanzspitze schlägt in kurzen Intervallen kräftig auf den Boden.

Das geht zu weit. Das geht entschieden zu weit. Das Maß ist voll! Gleich greife ich ein!

steht einem fremden Kater gegenüber. Der Schwanz schnellt mit peitschender Bewegung hoch.

Noch ein Schritt, und du kannst im Mädchenchor mitsingen.

Können diese Augen lügen?

Sie kennen den berühmten „Hundeblick“? Ja? Die Katze steht auch in diesem Punkt dem Ausdrucksvermögen eines Hundes in nichts nach. In gar nichts. Erleben Sie, wie facettenreich und wie unwiderstehlich der Blick Ihrer Katze sein kann.

schaut Sie mit großen Augen unverwandt an.	*Ich habe dir ganz viel zu sagen. Aber ich sage es* ***nicht!***
schaut den Kater Ihrer Nachbarn mit großen Augen unverwandt an.	*Noch einen weiteren Schritt in mein Revier und du kannst dich „Schlitzohr“ nennen.*
schaut den Hund Ihrer Nachbarn mit großen Augen unverwandt an.	*Wie sieht der denn aus? Putzt der sich nie? Und wie riecht denn der? Grrrrr!*
liegt auf dem Bauch, den Kopf erhoben, aber abgewandt. Die Vorderpfoten sind parallel zueinander nach vorn ausgestreckt. Der Schwanz liegt rechts eng am Körper (Sphinx).	*Ich bin mächtig sauer!*
sitzt aufrecht in der Sonne, den Kopf abgewandt. Den Schwanz hat sie um die Pfoten gelegt (ägyptische Pose).	*Laß mich jetzt bloß in Ruhe! Und reize mich nicht!*
sitzt hoch aufgerichtet auf dem Fußboden neben einer zerbrochenen Vase, die Augen sehr weit aufgerissen.	*Ich war das nicht!*

sitzt hoch aufgerichtet und mit sehr großen Augen vor dem Aquarium, leckt sich das Maul. Ein Fisch fehlt.

Das war ich auch nicht.

sitzt vor der Wohnungstür und schaut Sie an.

Ich will raus.

sitzt vor der Wohnungstür, schaut Sie an und maunzt.

Ich will raus! Sofort!

sitzt vor der Wohnungstür und schaut Sie mit großen Augen an.

Ich will spielen, also los, hol endlich die Bällchen unter dem Sofa hervor. Hopp-hopp!

 sitzt vor der Wohnungstür und schaut Sie vorwurfsvoll an.

Wo bleiben die Käserollis und die Truthahnpastillen, Herrgottnochmal?

 sitzt vor der Wohnungstür und schaut Sie *nicht* an.

Du warst lange weg. Und jetzt erzähl mir nicht, es sei wichtig gewesen. Wirklich wichtig bin nur ich in deinem Leben! Nur ich! Nur ich! Und komm mir jetzt nicht wieder mit deinem „ja, aber!“. Nur ich! Alles klar? Ja?

Akzentfrei katzbuckeln

Sie kennen sicher die heute nicht mehr so gebräuchliche Redewendung „Der katzbuckelt.". Gemeint ist damit zielgerichtete Unterwürfigkeit. Man könnte auch jungdeutsch sagen „Der schleimt.". Mit der abfälligen Bemerkung vom Katzbuckeln tut man der Katze jedoch unrecht. Denn nichts liegt diesem schönen, stolzen Tier so fern wie Schleimen. Und mit Unterwürfigkeit hat ihr Buckel nun wahrlich nichts zu tun.

begegnet einem (angeleinten) Hund, weicht zurück, setzt sich auf die Hinterpfoten, knickt mit den Vorderpfoten leicht ein und macht einen Buckel.

Boah! Wie riecht denn der?Widerlich! Wi-der-lich! Grrrrr.

begegnet einem fremden Hund, weicht zurück und macht einen haarnadelförmigen, sehr hohen Buckel mit aufgestelltem Rückenfell. Bleibt in dieser Pose auf langen, voll durchgedrückten Beinen stehen.

Einen Schritt näher und ich mache Hundefutter aus Dir!

 richtet sich auf ihrer Kuscheldecke auf, schaut zu Boden, streckt die Beine durch und buckelt kurz.

Huahhhh, war das ein schönes Nickerchen!

 richtet sich auf ihrer Kuscheldecke auf, schaut zu Boden, streckt die Beine durch und buckelt ausgedehnt.

Boah, habe ich blöd gelegen. Mir tun alle Gräten weh.

 richtet sich auf ihrer Kuscheldecke auf, schaut zu Boden, streckt die Beine durch und buckelt ausgiebig.

Huahhh, ist das ein sauschönes Schweineleben!

Cien

Die Ohren-/Barthaarsprache

Katzen haben, anders als Menschen, sehr ausdrucksstarke Ohren und Barthaare. Ihre Stellung spiegelt die emotionale Verfassung der Tiere wieder, und zwar Entspannung, Wachsamkeit, Erregung, Abwehr und Aggression. Schauen Sie, wie Ihre Katze Ohren und Barthaare als Mittel der Gefühlsäußerung und/oder der Kommunikation einsetzt.

Aber versuchen Sie bitte nicht, es nachzuahmen.

hockt am Gartenzaun, Barthaare und Ohren nach vorn.	*Da ist die Maus von gestern wieder. Was macht die da?*
steht mit waagerecht ausgestrecktem Schwanz, Barthaare und Ohren nach vorn, am Gartenzaun.	*Diesmal erwische ich die Maus! Diesmal erwische ich sie!*
steht dem Kater von nebenan gegenüber, die Ohren hochgestellt, die Ohrmuscheln nach hinten gezogen. Die Ohrrückseite ist nach vorn sichtbar.	*Dich mache ich fertig! Du Schlundsackschnecke!*
steht einer jungen Bulldogge gegenüber. Die Ohrmuscheln sind nach hinten eingeknickt und seitlich herabgezogen.	*Boah! Der schon wieder! Nichts wie weg hier!*
steht nach einem deutlichen „Nein!" vor dem neuen Ledersofa, die Ohren hochgestellt, die Ohrmuscheln zur Seite gedreht.	*Du bist so gemein zu mir. Ich suche mir neue Dosies, bei denen ich aufs Sofa darf.*
dreht die Ohren zur Seite mit den Ohrmuscheln nach unten.	*Hilfe, der Kampfstaubsauger!*

dreht die Ohren zur Seite mit den Ohrmuscheln nach unten.	*Hilfe, die Dosine mäht den Rasen auf ihren Beinen!*
dreht die Ohren zur Seite mit den Ohrmuscheln nach unten.	*Huahhh! Dosi übt Klavier!*
spitzt die Ohren und stellt die Barthaare aufgefächert weit nach vorn. Das Mäulchen bekommt eine quadratische Form.	*Fischpralinen! Truthahnpastillen! Garnelenbollos! Halleluja!*

Die Schnuppersprache

Daß Katzen einen außergewöhnlich feinen Geruchssinn haben, ist weithin bekannt. Über den Geruchssinn nehmen Katzen eine Fülle von Informationen aus ihrer Umgebung auf.

Als Sensation wurde in der Wissenschaft jedoch die Erkenntnis gefeiert, daß Katzen über die Nase nicht nur (passiv) Informationen entgegennehmen, sondern auch (aktiv) Informationen an ihre Umwelt abgeben. Sie tun das durch die Art und Weise, *wie* sie schnüffeln, und durch die Auswahl, *was* sie beschnüffeln. Mit anderen Worten: Sage mir, woran sie schnuppert, und ich sage dir, wie sie drauf ist.

schnuppert an einem Hundehaufen.	*Das war Oskardackel. Und der hat mal wieder den Aufschnitt geklaut.*
schnuppert ausgiebig an einem Zaunpfosten.	*Mal sehen, wer heute schon alles da war und warum.*
schnuppert ausgiebig an einem Nummernschild.	*Boah, heute wieder 37 Fliegen gefangen. Cool!*
schnuppert ausgiebig an einem Radkasten.	*Bremsen die noch oder mardert es schon?*
schnuppert ausgiebig an Ihren nackten Füßen.	*Na, kreischte sie?*
schnüffelt mit langem Hals an seinem Futter.	*Grrrr. Schon wieder Weißfisch.*

Die Sprache der Geste

Zum weit gespannten Feld der nonverbalen Kommunikation (Körpersprache) gehört die Geste. Nichts verrät so viel über die Befindlichkeit Ihrer Katze wie die Art ihres Gähnens und ihr Verhalten in bestimmten Situationen. Und auf keinem Gebiet gibt es so viele Mißverständnisse, weil Mensch und Katze mit derselben Bewegung unterschiedliche Empfindungen ausdrücken.

Wenn Sie sich mit Ihrer Katze verständigen möchten, vergessen Sie, welche Bedeutung eine Geste für Sie persönlich hat. Wenn Sie z. B. gähnen, werden Sie entweder müde oder gelangweilt sein. Staunen Sie darüber, welche Fülle von Stimmungsäußerungen hingegen das Gähnen einer Katze enthält.

reibt ihren Kopf und ihre Flanke an Ihnen und legt ihren Schwanz um Ihre Beine.	*Mein Haus, mein Kratzbaum, mein Bett, mein Personal!*
klettert am Duschvorhang hoch.	*Ich fühle mich unbeachtet.*
gähnt seufzend.	*Es geht mir gut. Alle sind nett zu mir.*
gähnt seufzend.	*Ich muß mich mal anders hinlegen, mir tun ja sämtliche Gräten weh!*
gähnt kurz und prägnant, klackt mit dem Kiefer.	*Boah, habe ich toll geschlafen.*
gähnt gedehnt.	*Ich bin total müde.*
gähnt gedehnt.	*Ich döse noch eine Runde.*
gähnt gedehnt.	*Hat sich was Besonderes getan, während ich geschlafen habe? Gibt es was Neues?*

gähnt ausgiebig.	*Ich fühle mich soooooo gut!*
gähnt ausgiebig.	*Ich habe keine bösen Absichten, und ich hoffe, du benimmst dich auch ordentlich.*
gähnt ausgiebig.	*Ich traue dir nicht wirklich, aber ich tue mal so, als sei alles okay.*
rollt das Toilettenpapier ab, zerfetzt die losen Blätter und verteilt sie im Badezimmer.	*Ich fühle mich unbeachtet.*
setzt sich neben Sie und leckt sich das Mäulchen.	*Ich habe gerade Wasser getrunken.*
setzt sich neben Sie und leckt sich das Mäulchen.	*Ich habe gerade gefrühstückt.*
geht an Ihnen vorbei, wendet den Kopf ab und leckt sich das Mäulchen.	*Ich habe gerade verbotswidrig die Aufschnittplatte geplündert.*
stanzt kleine Löcher in den Sack mit der Katzenstreu.	*Ich fühle mich unbeachtet.*
Es schellt. rennt zur Eingangstür.	*Wow! Besuch!*
Es schellt. rennt ins Wohnzimmer.	*Besuch! Um diese Zeit? Unerhört!*
Es schellt. verschwindet unter dem Bett.	*Hilfe! Besuch! Der will mir ans Leder!*
legt sich auf die Tastatur Ihres Notebooks.	*Ich fühle mich unbeachtet.*

liegt rücklings auf dem Sofa, eine Pfote quer über dem Gesicht, die Zunge ein Stück herausgestreckt. Gesicht, Pfoten und Schwanz zucken. Die Augenlider flattern. atmet heftig und schnell.	*Ich träume. Ich bin ein großer, mutiger Löwe und klettere auf den Ahorn vor dem Haus. Dann fange ich einen Marder, und ich hetze Nachbars Dackel durchs Dorf. Durch das ganze Dorf! Gna-den-los!*
bohrt ihre Krallen in Ihre Waden.	*Ich fühle mich unbeachtet.*
duckt sich zur Kindhaltung (Yoga Mudra), schiebt sich mit den Vorderpfoten und Bauchwellen rückwärts. Dabei gibt ein durchdringendes, würgendes Geräusch von sich.	*Boah! Mir ist soooo schlecht. Ich fresse nie wieder ....!*
klettert auf Ihren Fernseher.	*Ich fühle mich unbeachtet.*
läuft vor Ihnen her, immer direkt vor Ihren Füßen. Der Schwanz ist hoch erhoben.	*Folge mir. Ich zeige dir, wo mein leerer Futternapf steht.*
Sie liegen im Bett. springt morgens um kurz vor vier auf Ihren Bauch.	*Ich fühle mich unbeachtet.*
Sonntag. Sie liegen im Bett. springt morgens um kurz nach vier auf Ihren Bauch.	*Ich fühle mich verdammt noch mal ziemlich unbeachtet. Hey, Action!*
läuft in Galoppsprüngen auf steifen Beinen vor Ihnen her, immer direkt vor Ihren Füßen. Der Schwanz ist hoch erhoben. Der Körper ist seitlich versetzt.	*Hey, laß uns Fangen spielen! Ich renn schon mal vor. Kannst du mir folgen, du Trantüte, oder bin ich zu schnell? Hey, fang mich doch! Fang mich doch!*

 schaut Sie an und taucht eine Pfote in Ihren Milchkaffee.	*Ich fühle mich unbeachtet.*
Sie sitzen auf dem Sofa.  leckt Ihre Hand.	*Ich mag dich. Und wie wär's jetzt mit einer großen, fetten Fischpraline?*
 schaut Sie an und schiebt ein Teeglas auf die Tischkante zu.	*Ich fühle mich unbeachtet.*
Sie sitzen am Rechner.  schleicht sich von hinten an, steigt über die Tastatur und streicht dabei mit ihrem Rücken unter Ihrem Kinn entlang.	*Hast du gesehen, daß die Startseite mit den Sonderangeboten von* zooplus *jetzt immer als erstes nach dem Hochfahren des Rechners angezeigt wird? Cool was?*
 springt auf das Tischchen mit den zerbrechlichen Dekoartikeln.	*Ich fühle mich unbeachtet.*
Sie sitzen am Rechner.  schleicht sich von hinten an, steigt über die Tastatur und legt Ihnen die Pfoten auf die Schultern.	*Ich war das nicht mit der Startseite von* zooplus. *Und ich habe auch den Papierkorb nicht umgeworfen.*
Sie sitzen am Rechner.  schleicht sich von hinten an, steigt über die Tastatur und legt Ihnen die Pfoten auf die Schultern.	*Hast du schon gesehen, daß jemand die Biotonne ausgeräumt hat?*
Sie sitzen am Rechner.  schleicht sich von hinten an, steigt über die Tastatur und legt Ihnen die Pfoten auf die Schultern.	*Was macht eigentlich der Kaffeeprütt im Bett?*
 klettert ins Bücheregal und wirft die Krimis zu Boden.	*Ich fühle mich unbeachtet.*

Sie kommen nach Hause, bücken sich zu 🐱 hinunter und streichen ihr über den Kopf. 🐱 springt mit steifen Beinen in die Höhe und stößt ihr Köpfchen in Ihre Handfläche.

Wow. Cool, daß du wieder da bist. Ich habe schon mal die Frischhaltedose mit dem Trockenfutter aufgemacht. Wenn du mir jetzt bitte noch die Käserollis reichen würdest, ja?

🐱 pinkelt auf die Fußmatte vor der Terrassentür.

Ich fühle mich unbeachtet.

Die olfaktorische Kommunikation

Katzen verständigen sich auch über den Geruch. Und es ist nicht so, daß sie nur Gerüche aufnehmen und deuten. Sie geben auch gezielt Düfte als Träger von Informationen ab.

Mancher Borkenkäfer hatte schon eine unruhige Nacht, weil ihm der Duft von *Eau de Lindan* nicht aus der Nase ging. So ergeht es dem Kater, der einer rolligen Katze begegnet. So ergeht es vielleicht auch Ihnen, meine Herren, wenn Sie in den Sog von Chanel N° 5 geraten. Es ist allerdings ein – wissenschaftlich nicht nachgewiesenes – Gerücht, daß sich Lindan und Chanel N° 5 in der chemischen Zusammensetzung wie in der Wirkung ähneln.

riecht wie 137 ausgewachsene Ziegen.	*Mein Auto, mein Haus, mein Garten, meine Garage, mein Treppenhaus, meine Wohnungstür/Haustür, mein Sofa, mein Teppich, mein Personal.*
riecht wie Baldrianweichkäse.	*Ich habe Fracksausen, aber ich lasse mir nichts anmerken.*
riecht wie ein Leibnizkeks.	*Boah, geht es mir gut!*
riecht nach Fisch.	*Ha! Ich weiß, wie die Tüte mit den Lachsdreamies aufgeht.*
riecht nach Eau de Toilette.	*Die Damen vom Kaffeekränzchen gehen mir mächtig auf die Puffer! Müssen die mich dauernd anfassen?*
riecht nach Sahnetorte.	*Ich kümmere mich gerade um die Gewährleistungsfrißt.*

riecht nach Staub.	*Wow! Ich habe deinen Autoschlüssel gesehen! Er liegt unter dem Bett!*
riecht nach Salami.	*Ich war nicht auf dem Eßtisch!*
riecht nach Butter.	*Ich war nicht auf dem Eßtisch!*
riecht nach Kaffee.	*Ich war nicht auf dem Eßtisch!*
riecht nach Brötchen.	*Ich war nicht auf dem Eßtisch! Aber ich habe einen neuen Raschelsack entdeckt!*
riecht nach frisch gemähtem Gras	*Achtung! Ich werde gleich auf den Teppich kübeln ... Boah, zu spät! Kannst du die Sauerei da mal wegwischen, ja?*
riecht nach Nordmanntanne.	*Wieso hat der Kratzbaum auf einmal Stacheln? Blöde Idee. Wer war das?*
riecht nach Babypuder, obwohl in Ihrem Haushalt keine Säuglinge leben.	*Ich habe den Sack mit der Katzenstreu gefunden. Er ist jetzt undicht!*
riecht angesengt.	*Nein, ich bin nicht verbotswidrig über den Couchtisch mit den brennenden Teelichtern gewandert!*
riecht nach Haarspray.	*Ich habe den Waschbeckenunterschrank mal gründlich aufgeräumt. Boah, da sah's vielleicht aus!*
riecht nach Motorenöl.	*Motorraum und Bremsschläuche geprüft. Keine feindlichen Marder angetroffen.*

riecht nach Druckerschwärze. — *Keine Ahnung, wer schon wieder die Zeitung hat.*

riecht nach nasser Wolle. — *Der Hund ist wieder drin. Er liegt im Wohnzimmer auf dem Parkett und tropft.*

riecht penetrant nach Knoblauch. — *Ich habe nicht in der Biotonne gewühlt.*

riecht nach Lavendel. — *Wie kommst du darauf, daß ich im Wäscheschrank war, he?*

riecht nach Sägespäne. — *Kratzt du noch am Regal oder döst du schon?*

Die Macht der Stimme

Das *Miau* ist die lautmalerische Kommunikationsform der Katze. Je nach Aussprache kann sich die Bedeutung des *Miau* ändern, vom Wehklagen über die Begrüßung zur Forderung nach Aufmerksamkeit und Service. Ungefähr hundert verschiedene Laute können Katzen von sich geben, Hunde hingegen nur zehn. Im Babyalter ist der Katzenlaut noch ein hoher quietschender Ton (Fiepen). Mit der Zeit vertieft er sich und gewinnt deutlich an Volumen.

Sie werden es mit der Zeit und mit viel Geduld lernen, die verschiedenen *Miaus* zu unterscheiden. Sie werden wissen, bei welchem *Miau* Sie sich entspannt zurücklehnen dürfen, und wann Sie gut beraten sind, unverzüglich aufzuspringen und dem Ruf Ihrer Katze zu folgen.

Miau.	*Hallo, ich bin eine Katze.*
Miau?	*Hallo, ich bin eine Katze. Und wer bist du?*
Mrrrrau!	*Hallo, ich bin eine Katze, und es geht mir gut.*
Mrrrrrrrrrrrrm.	*Ich bin eine Katze, und es geht mir saugut! Und wer du bist, ist mir im Moment egal.*
Mau?	*Hast du Lust, mit mir zu spielen?*
Mau!	*Ich habe Lust zu spielen. Rück gefälligst den Catdancer oder den DaBird raus.*
Mahauuuu!	*Ich höre dich, aber ich sehe dich nicht. Was machst du gerade?*

Huahhhh!	*Ich bin groß und stark und wahnsinnig potent!*
Huawah!	*Bist du jeck? Ich rufe dich die ganze Zeit, und du antwortest nicht!*
Hiiiiiijjjj!	*Du Blödmann hast meinen Schwanz schon wieder in der Tür eingeklemmt.*
Wahuuuuuh.	*Ohgottogott, der schon wieder!*
Zssssssss!	*Ich bin groß und gefährlich, auch wenn ich auf den ersten Blick nicht so aussehe.*
sitzt vor ihrem Futternapf und brüllt.	*Das Futter ist alle! Ich habe Kohldampf! Hey, was ist das für ein mieser Service hier!*
sitzt vor ihrem Futternapf und brüllt.	*Schon wieder Hühnchen! Boah! Das hängt mir echt zum Hals heraus! Was ist das für ein mieser Service hier!*
sitzt vor ihrem Futternapf und brüllt.	*Da war jemand Anderes an meinem Futter! Unerhört! Was ist das für ein mieser Service hier!*
sitzt vor ihrem Futternapf und brüllt.	*Mein Futternapf steht fünf Zentimeter weiter links als sonst! Was ist das für ein mieser Service hier!*
sitzt vor ihrem Futternapf und brüllt.	*Du hast ein anderes Spülmittel benutzt als sonst. Das gefällt mir nicht! Das stinkt! Was ist das für ein mieser Service hier!*

sitzt vor ihrem Futternapf und brüllt.	*Das ist nicht mein gewohnter Futternapf! Was ist das für ein mieser Service hier!*
sitzt vor ihrem Futternapf und brüllt.	*Da liegt eine andere Unterlage als sonst unter meinem Futternapf! Wo ist die alte Unterlage geblieben? Was ist das für ein mieser Service hier!*
sitzt vor ihrem Futternapf und brüllt.	*Ich habe zuviel Katzengras gefressen, und jetzt ist mir schlecht! Du glaubst doch nicht wirklich, daß ich noch einen einzigen Bissen herunterbringe, oder? Was ist das für ein mieser Service hier.*
sitzt vor ihrem Futternapf und brüllt.	*Wie, von den drei Krümeln soll ich satt werden? Von drei Krümeln? Was ist das für ein mieser Service hier!*
sitzt vor ihrem Futternapf und brüllt.	*Wann hast du eigentlich das letzte Mal diesen Raum gesaugt und gewischt? Was ist das für ein mieser Service hier!*
sitzt vor ihrem Futternapf und brüllt.	*Ich mag es nicht, wenn man mir beim Fressen zuschaut! Was ist das für ein mieser Service hier!*
sitzt vor ihrem Futternapf und brüllt.	*Ich möchte Gesellschaft beim Fressen. Ich mag es nicht, wenn ich allein fressen muß! Was ist das für ein mieser Service hier!*
hockt vor ihrem Futternapf und frißt.	*Na endlich. Geht doch! Die sind aber auch schwer von Begriff.*

Leise Knackgeräusche in der Nase beim Kinnkraulen	*Das fühlt sich voll gut an.*
Lautes, wiederholtes Schmatzen beim Kinnkraulen	*Wow! Cool! Du kennst meine erogenen Zonen! Weiter so!*
läuft unmittelbar vor Ihren Füßen her und gurrt.	*Halleluja! Es gibt Frühstück!*
sitzt am Fenster und schnattert. Der Mund ist geöffnet, der Unterkiefer in schneller Bewegung.	*Boah, da draußen sitzt eine Taube. Kann mir mal jemand ganz schnell das Fenster aufmachen, ja?*
begegnet einem befreundeten Kater aus der Nachbarschaft und beginnt zu *plaudern*.	*Hey, schön dich zu sehen. Was gibt es Neues im Viertel?*
begegnet einem *nicht* befreundeten Kater und faucht wie ein Wasserkocher.	*Du schon wieder. Zieh Leine!*
knurrt wie ein Hund.	*Das ist mein Haus, mein Sofa, mein Bett, meine Beute, mein Personal. Und ich teile nicht! Und schon gar nicht mit dir!*
sitzt in der Hecke und jault wie ein Kojote.	*Diese zahnlose Windelschnecke macht sich in meinem Revier breit. Das ist so gemein. So gemein!*
spuckt.	*Zieh Leine! Das ist mein letztes Wort!*
Lautes Geschrei (fragend).	*Wo bist du?*
Lautes Geschrei (unmutig).	*Ich habe Hunger!*

Lautes Geschrei (empört).	*Nachbars Dackel ist im Garten. Was will der denn da?*
Lautes Geschrei (fordernd)	*Mein Bällchen liegt unter dem Regal und ich komme nicht dran. Hey, hol es da raus! Sofort!*
Lautes Geschrei mitten in der Nacht.	*Ich langweile mich. Spiel mit mir!*
Lautes Geschrei mitten in der Nacht.	*Du liegst in meinem Bett. Das ist unerhört.*
Lautes Geschrei mitten in der Nacht.	*Ich will raus. Mach mir die Tür auf!*
kreischt.	*Ich will Sex! Gib's mir! Gib's mir feste!*
kreischt.	*Ich will Sex, aber nicht mit dem da!*

🐱 kreischt. *Ich will Babys. Also, mach hinne!*

🐱 kreischt. *Ich hatte Sex! Und er war miserabel!*

🐱 kreischt. *Ich hatte Sex, und der Kerl hat zurück geschlagen.*

🐱 kreischt. *Hilfe, ich will nicht schon wieder Sex!*

Dosigeheimsprache

Sie kennen die berühmte Zeugnisgeheimsprache, die seit Generationen die Gemüter erhitzt und die Gerichte für Arbeitssachen beschäftigt? Phrasen, die auf den ersten Blick so schön klingen, und dann doch so böse gemeint sind? Ein ähnliches Phänomen gibt es natürlich auch unter Katzenhaltern. Glauben Sie also bitte nicht alles, was Sie hören. Und legen Sie ab und zu mal wieder ein Wort auf die Goldwaage.

Das sagen sie.	Und das meinen sie.
Die haart sonst nicht so.	*Boah, gerade erst habe ich alles abgebürstet und überall gesaugt, und jetzt sieht es hier schon wieder aus wie bei Hempels unterm Sofa.*
Die kratzt nicht.	*Jedenfalls nicht immer.*
Die will doch nur spielen.	*Am liebsten mit Ihren Schnürsenkeln.*
Meine Katze darf nicht auf den Tisch.	*Sie tut es aber trotzdem.*
Meine Katze springt nicht auf den Tisch.	*Jedenfalls nicht, wenn ich dabei bin.*
Meine Katze springt nicht auf den Tisch.	*Sie springt sofort wieder herunter, wenn ich sie dabei erwische.*
Meine Katze springt sonst nicht auf den Tisch.	*Sie springt sonst auch auf den Tisch, aber dann erfährt es keiner, der nicht zum Haushalt gehört.*
Sie schläft nicht in meinem Bett.	*Es ist nicht mehr* **mein** *Bett. Es ist* **ihr** *Bett. Ich schlafe in* **ihrem** *Bett.*

Sie ist stubenrein.	*Sie putzt sich, wenn sie in die Stube gepinkelt hat.*
Sonst ist sie sehr scheu.	*Hat sie Ihre Nylonstrümpfe zerfetzt? Oh, sorry!*
Sonst ist sie nicht so scheu.	*Immer wenn Besuch kommt, verschwindet sie unter dem Sofa.*
Sie riecht nicht.	*Aber Sie müßten mal ihr Klo saubermachen. Boah! Da fällt Ihnen die Nase ab!*
Sie kratzt nicht an den Schränken.	*Aber sie stanzt Löcher in die neuen Ledersofas.*
Sie ist ein eher ruhiges Tier.	*Wenn sie nicht gerade ihre fünf Minuten hat und Toilettenpapier zerfetzt.*
Die tut nix.	*Aber fassen Sie sie bitte trotzdem lieber nicht an. Bücken Sie sich nicht zu ihr hinunter. Und schauen Sie ihr bloß nicht in die Augen!*
Der Kater markiert nicht.	*Boah, was für ein Gestank! Stundenlang geschrubbt und gewienert, und jetzt hat der schon wieder an den Türpfosten gepinkelt.*
Die schläft stundenlang.	*Nachdem sie mir die Nachtruhe geraubt hat.*
Sie ist sehr anhänglich.	*Sie folgt mir sogar ins Badezimmer und sitzt als erste auf der Klobrille.*

Runter vom Sofa!

Ist das nicht süß, wie die da so zusammengerollt schläft?

Kommst du wohl sofort von dem Regal da runter!?

Wahnsinn, bis da oben ist die geklettert. Und nicht abgestürzt!

Nicht an mein Frühstücksbrötchen!

Ist das süß, wie vorsichtig sie die Salamischeibe vom Brötchen zieht.

Die fängt keine Vögel.

Unseren Kanarienvogel haben wir verschenkt. Der mochte keine Katzen.

Geheimsprache Katzenhasser

Nicht jede(r) mag Katzen. Seien Sie also auf der Hut, wenn jemand sich auffallend freundlich über Ihren Liebling äußert. Wer Süßholz raspelt, könnte sich schnell als Katzenhasser entpuppen.

Also: hören Sie genau hin.

Das sagen sie.	Und das meinen sie wirklich.
Das ist aber ein stattlicher Kater.	*Der ist viel zu fett. Mästen Sie den mit Lachsschnittchen?*
Was für ein hübsches Tier.	*Schade nur, daß die Katze schielt.*
Ich liebe Katzen.	*Bleiben Sie mir bloß mit dem Vieh vom Fell!*
Oh, das macht gar nichts.	*Das verdammte Vieh hat mir eine Laufmasche in die Strümpfe gerissen.*
Was hat die für schöne Augen.	*Die hat den bösen Blick, der geht mir durch und durch.*
Hat die Flöhe?	*Mein Hund kratzt sich nämlich immer.*
Was hat die für ein weiches Fell.	*Das täte meinem Rheuma gut.*
Was hat die für ein weiches Fell.	*Das sähe auf meinem Wintermantel gut aus.*
Ich hätte auch so gern eine Katze, aber …	*Bin ich froh, daß mir niemand die Wohnung vollhaart.*

Oh, die fängt auch Mäuse!?	*Die armen kleinen Wesen. Das ist ja so gemein. Mörderkatze!*
Frißt die auch Fisch?	*Die stinkt ja bestialisch aus dem Maul.*
Katzenhaare stören mich nicht.	*Wie sieht mein Joop-Hosenanzug jetzt schon wieder aus!*
Die ist aber gut erzogen!	*Und wieso kaut die dauernd auf meinen Schürsenkeln herum?*
Die ist aber neugierig.	*Was macht das Vieh jetzt schon wieder in meiner Handtasche?*
Katzen sind sehr ästhetisch.	*Eklig, wie die sich dauernd ableckt.*
Ich habe eine Katzenallergie.	*Ich habe Heuschnupfen und kann Katzen nicht ausstehen.*
Oh, eine schwarze Katze! Wie niedlich!	*Daß mir die bloß nicht von links kommt!*

Augen auf beim Katzenkauf!

Wenn Sie sich eine Katze zulegen wollen und mit dem Verkäufer verhandeln, seien Sie auf der Hut. Lesen Sie sorgfältig das Kleingedruckte, achten Sie genau auf Unter- und Zwischentöne, auf beredtes Schweigen, auf das, was nicht ausgesprochen oder demonstrativ ausgelassen wird. Hören Sie auf den Tonfall. Ist er schnippisch? Ironisch? Zu drängend? Versucht man, Ihnen einen Wolf im Katzenfell anzudrehen? Oder den Ladenhüter?

Nehmen Sie auch bei den Vertragsverhandlungen bitte Ihre Goldwaage zur Hand und prüfen Sie genau, was der Kerl Ihnen wirklich sagen will. Und nehmen Sie bitte ggf. anwaltliche Hilfe in Anspruch.

Das sagen sie	und das meinen sie.
Ein Jahr alte Katze umständehalber abzugeben.	*Achtung! Die Katze ist schwanger. Sie kaufen auch die sechs Kitten im Bauch mit.*

Sie ist eine Charakterkatze.	*Mit der werden Sie es nicht leicht haben.*
Ein liebenswertes Katerchen.	*Schade nur, daß es so selten unter dem Sofa hervor kommt.*
Ein sehr anhängliches Tier.	*Sie werden keinen Schritt mehr ohne Ihre Katze tun. Keinen!*
Sie hat wunderschöne Augen.	*Das Fell ist etwas struppig.*
Ideal für einen Haushalt mit Kindern.	*Da fällt es nicht so auf, wenn die Katze die Möbel ruiniert.*

Kurz und bündig: Die guten Vorsätze Ihrer Katze

Über Katzen, die Verständigung mit ihnen und ihre Erziehung, ist viel geschrieben und geredet worden. Eine Mindermeinung vertritt die Auffassung, die Erziehung einer Katze sei in seltenen Ausnahmefällen möglich, wenn der Katzenhalter viel Geduld aufbringt, jahrelang durchhält, eine gute Hausratsversicherung und keine zu hohen Erwartungen hat. Die herrschende Meinung hingegen tendiert dazu, eine Katze sei ein Schicksalsschlag, erziehen könne man sie nicht.

Brüllen Sie etwa noch? Klatschen Sie laut in die Hände? Drohen Sie mit dem pädagogischen Zeigefinger oder der zusammengefalteten Tageszeitung? Stampfen Sie mit dem Fuß auf? Erteilen Sie Ihrer Katze Hausarrest? Oder Fernsehverbot? Vergessen Sie es! Vergessen Sie Wasserspritze, Fauchen, Pusten! Darüber amüsiert sich Ihre Katze nur. Verbieten Sie ihr nie wieder, auf den Couchtisch zu springen. Ihre Katze wird zwar vielleicht lernen, den Tisch in Ihrer *Anwesenheit* zu meiden, aber hinter Ihrem Rücken wird sie vergnügt weiter über Tische und Bänke toben, und sei es nur aus Trotz.

Wenn Sie Glück haben, nimmt sich Ihre Katze nicht nur eigene, unerfreuliche Erfahrungen, sondern auch Ihre liebevollen Ermahnungen gelegentlich zu Herzen. Wenn Sie viel Glück haben, dann gehört Ihre Katze zu den seltenen Exemplaren mit guten Vorsätzen. Und wenn Sie ganz viel Glück haben, dann setzt Ihre Katze einen Teil ihrer Vorsätze auch um.

Einige der folgenden guten Vorsätze kennen Sie vielleicht von Ihrer eigenen Katze.

Ich setze mich nicht wieder auf ein Fliegenfängerklebeband.

Ich ohrfeige keinen Kaktus.

Ich springe nicht auf die Starttaste des Kopierers, wenn der Zähler auf „99“ steht.

Ich springe wie wieder auf die Powertaste des Computers, bevor mein Mensch seinen Text gespeichert hat.

Ich beiße meinen Menschen nicht in die Waden, wenn er gerade eine Tasse heißen Kaffee in der Hand hält.

Ich schnuppere nicht an Pulverkaffee. Und wenn ich es doch tue, niese ich nicht in die offene Dose.

Ich reiße nie wieder den Telefonhörer von der Gabel und laufe dann über die Tastatur.

Ich trete auf dem Notebook nicht auf die Tasten „Entf“ oder „Termin löschen“.

Ich werde nicht die Rolle mit dem Teppichbodenklebeband abwickeln. Und wenn ich es versehentlich tue, lege ich mich nicht darauf. Wenn ich mich doch versehentlich darauf legen sollte, brülle ich nicht, sobald mein Mensch versucht, das Klebeband aus meinem Fell zu schneiden.

Wenn die Milbenkur fällig ist, werde ich nicht das Leckerchen fressen und die *Milbefix* ausspucken.

Ich lege mich nicht auf die Fernbedienung, während ein wichtiges Fußballspiel oder der *Tatort* übertragen wird.

Ich klettere nicht auf das Faxgerät und trete auch nicht auf die Taste „Wahlwiederholung".

Ich kübele nicht auf den Teppich, wenn der Besuch an der Tür schellt.

Ich wälze mich nicht erst in der nassen Duschwanne und dann in der Klumpstreu.

Ich will nie wieder nachts im Bett meines Menschen „Boeing 727 probt Notlandung" spielen.

Ich werde nie wieder Löcher in den Sack mit der Klumpstreu stanzen und die Streu im ganzen Keller verteilen.

Ich werde meine Plüschmäuse nicht im Wassernapf ertränken.

Ich werfe keine Tampons mehr in den Trinkbrunnen.

Ich steige nicht in den Aktenvernichter. Und wenn ich es tue, verteile ich nicht den Partikelschnitt im ganzen Büro.

Ich beiße nicht in das Telefonkabel.

Es ist sehr effizient, bei der Mäusejagd laut schreiend über eine Wiese zu schleichen und dann die Mäuse einzusammeln, die sich bei meinem Geschrei tot gelacht haben. Ich mache das trotzdem nicht.

Ich werde nicht auf der Treppe liegen und Bewußtlosigkeit simulieren, wenn mein Mensch mit dem Waschkorb oder den Einkäufen nach oben gehen will.

Die Fische im Aquarium sind ungenießbar, ungenießbar, ungenießbar! Und die Erde ist eine Scheibe!

Ich steige nicht über den Adventskranz, wenn die Kerzen brennen.

Wenn mein Mensch ein Schaumbad nimmt, balanciere ich nicht auf dem Wannenrand. Ich versuche auch nicht, das Badethermometer aus dem Wasser zu fischen. Und wenn mein Mensch mich dann aus dem heißem Wasser zieht, kralle ich mich nicht empört brüllend an ihm fest.

Morgens um vier hocke ich mich vor das Bett meines Menschen und maunze laut und deutlich, damit mein Mensch pünktlich zur Arbeit kommt. Am Wochenende maunze ich *nicht*.

Wenn mein Mensch am Freitagabend auf dem Sofa liegt und den Krimi im Zweiten guckt, lege ich mich nicht auf sein Gesicht. Jedenfalls nicht vor der Lösung des Falles.

Wenn mein Mensch gerade ihre Wimpern tuscht, bohre ich nicht meine Krallen in ihre Waden.

Ich ermutige Besucher meines Menschen, mit mir zu spielen, indem ich ihnen Bällchen oder Plüschmäuse zu Füßen lege. Slipeinlagen, Tampons oder Dessous apportiere ich nur, wenn wir allein sind.

Wenn ich nachts beim Fitneßtraining ein Bällchen hinter ein Regal gekickt habe, hole ich ein anderes Bällchen aus meiner Spielzeugkiste, anstatt meinem Menschen laut um Hilfe schreiend auf die Brust zu springen.

Wenn mein Mensch von meinem Lieblingsfutter gerade eine neue Großpackung geöffnet hat, dann trete ich nicht unangekündigt in einen Hungerstreik.

Wenn mein Mensch auf dem Fußboden sitzt und telefoniert, klettere ich nicht auf die Sessellehne, um auf seinen Kopf zu trommeln.

Wenn mein Mensch auf der Yogamatte liegt und die „schiefe Ebene" übt, springe ich nicht auf seinen Bauch.

Wenn mein Mensch auf der Yogamatte liegt und die „schiefe Ebene" übt, lege ich mich nicht direkt unter seinen Hintern.

Ich trete nicht auf die Zahnpastatube, jedenfalls dann nicht, wenn sie noch nicht wieder zugeschraubt ist.

Unmittelbar vor Antritt einer Urlaubsreise werde ich nicht mehr Gras fressen und viel Wasser trinken.

Wenn mein Mensch ein wichtiges Telefonat führt, pöbele ich nicht in den Hörer. Ich steige auch nicht auf die Taste „Gespräch beenden“.

Handwerker rechnen nach Stundenlohn ab. Ich werde nie wieder die Werkzeugkiste eines Handwerkers durchsuchen und den Kreuzschlitzschraubenzieher hinter dem Regal verstecken. Und wenn ich mich doch dazu hinreißen lasse, dann zeige ich dem Handwerker das Versteck spätestens nach einer Stunde. In der Zwischenzeit liege ich auf seinem Schoß und erzähle ihm etwas.

Wenn ich mit meiner Dosine an der Leine draußen spazieren gehe, werfe ich mich nicht fremden Männern zu Füßen. Ich laufe auch nicht im Kreis um einen fremden Mann herum, bis sich die Leine fest um dessen Beine gewickelt hat. Das wäre peinlich. So was mache ich nicht. Jedenfalls nicht oft.

Was der PetDoc in seine Kartei schreibt

Bei einem Tierarzt läutet das Telefon: „Gleich kommt meine Frau mit unserer Katze zu Ihnen. Bitte geben Sie ihr eine Spritze, damit sie friedlich einschläft".

„Gerne." sagt der Tierarzt, „Aber findet Ihre Katze alleine nach Hause?"

Sie haben sicher schon einmal versucht, dem Tierarzt Ihres Vertrauens über die Schulter zu schauen, wenn er die Karteikarte Ihrer Katze aufschlägt oder ihre Daten im Computer aufruft. Mit Spannung werden Sie, wenn er dann die Stirn in Falten gelegt oder bedenklich, äußerst bedenklich den Kopf geschüttelt hat, versucht haben, seine Hieroglyphen zu entziffern und sein Fachchinesisch zu übersetzen. Sie werden sich hilflos, ausgeliefert und allein gelassen gefühlt haben.

Das ist nun vorbei. Hier sind die gängigen, marktüblichen Vermerke, die Wissenschaftler in den Krankenakten der PetDocs entdeckt haben.

Das schreiben sie:	Und das bedeutet es:
Abrasiv	*Achtung! Katze zerkratzt erbarmungslos alles, was ihr unter die Pfoten kommt!*
Abusus Brecci	*Die Katze hat sich überfressen.*
affektive Ambivalenz	*Vorsicht, die Katze ist unberechenbar.*
Agitatio!	*Das Vieh kratzt und beißt bei der Untersuchung. (Fixierung ratsam.)*
Alarmpheromon	*Achtung, Tierhalter stinkt. Bitte gut lüften.*
Amplitudenmodulation	*Die Katze schnurrt.*

Aphrodisiaka-Pheromon	*Tierhalterin ist zu stark parfümiert. Bitte gut lüften.*
Assessio magnus	*Die Katze kann nur von zwei Leuten gebändigt werden.*
Assessio major	*Die Katze kann nur von drei Leuten gebändigt werden.*
Assessio maximus	*Die Katze muß vor der Untersuchung sediert werden.*
Aquaphilie	*Die Katze setzt das Bad unter Wasser.*
Aquaphobie	*Die Katze meidet Wasser.*
Chemokommunikation	*Achtung! Kater pinkelt dem Tierarzt in die Tasche!*
Chronische Intelligenzinsuffizienz	*Der Katzenhalter ist ziemlich dumm.*
Chronische Pekuniärdemenz	*Der Tierhalter vergißt immer wieder, das Tierarzthonorar zu zahlen.*
Delirium Clemens	*Die Katze hat einen Minzerausch.*
Doktoparasit	*Katzenhalter, der den Tierarzt durch überobligatorische Anwesenheit belästigt.*
Erbgang	*Von den Katzeneltern überlieferte, familiencharakteristische Schrittfolge.*
FBMI	*Feliner Body-Masse- Index*

Feles cleptomans	*Futter unter Verschluß halten. Die Katze klaut.*
Feles turbulens	*Die Katze legt alles in Schutt und Asche.*
Felide Hypertonie	*Die Katze singt zu hoch/schrill.*
Felidaephobie	*Der Tierhalter hat Angst vor Katzen.*
Felidermitis	*Der Tierhalter hat ein dickes Fell.*
Feline Dystonie	*Die Katze tickt nicht richtig.*
Feline Mastitis	*Die Katze frißt zu viel.*
Felis migrans	*Die Katze ist zugelaufen.*
Felispasmus tremens	*Die Katze nimmt ihre „Fünf Minuten".*
Fixtur!	*Tierhalter unbedingt während der Untersuchung festhalten.*
Flat-Rate	*Anzahl und Häufigkeit von Flatulenzen (von lat. flatus „Wind, Blähung")*
Frontale Enthemmung	*Achtung! Aggressive Katze!*
fugax	*Achtung! Katze haut ab!*
Glossitis	*Katzenhalter zieht alles ins Lächerliche.*

Hautpilz	*Lamellenpilz, für Katzen in rohem Zustand schwer verdaulich.*
Hohes Aktionspotential	*Die Katze hat einen starken Bewegungsdrang.*
Homoallergische Rhinitis	*Die Katze verträgt ihren Dosi nicht.*
Hybride	*Besonders großes Exemplar einer Katzenrasse.*
Hydrophil	*Die Katze sitzt dauernd in der Dusche.*
Hypofelider	*Der Tierhalter hat mehr als 20 Katzen.*
Individualdistanz	*Katzenhalter rückt dem PetDoc auf die Pelle.*
Karpfenbiß	*(1) Überbiß durch angeborene Verkürzung des Unterkiefers, (2) spezielle Technik zum Fangen von Fischen, vorzugsweise aus Aquarien*
Klistier	*Kleiner, rattenähnlicher Nager aus der Gegend um Klis, Split-Dalmatien*
Lactolabil	*Die Katze verträgt keine Milch.*
lethargicus	*Die Katze ist ziemlich lahm.*
Logorrhoe	*Der Tierhalter ist ein Dummschwätzer.*
Lokomotion vehemens	*Die Katze scharrt heftig in der Katzentoilette.*

Maligne Logorrhoe	*Der Tierhalter ist ein boshafter Dummschwätzer.*
Merda!	*Diese Katze kommt mir nicht mehr auf den Behandlungstisch!*
mikroinvasiv	*Die Katze kriecht in den kleinsten Hohlraum.*
Morbus Phon	*Die Katze brüllt Tag und Nacht.*
Morbus Rumor	*Die Katze tobt über Tische und Bänke.*
Morbus Tumultuosus	*Die Katze stellt alles auf den Kopf.*
Nasenspiegel	*Medizinisches Instrument zur Untersuchung der Nebenhöhlen.*
Nickhaut	*Elastische Hautpartie im Nackenbereich, die beim Kopfnicken stark gedehnt wird.*
Objektpermanenz	*Katze klammert sich an ihren Halter.*
Ödipositas	*Der volljährige Tierhalter erscheint stets in Begleitung seiner Mutter in der Praxis.*
Pekuniarinsuffizienz	*Der Tierhalter ist knapp bei Kasse.*
Perwhiscas	*Die Katze ist verfressen.*
PetDocPhobie	*Achtung! Die Katze hat Angst vor dem Tierarzt.*

Rachitis	*Zwangshandlung, die den Ausgleich erlittenen Unrechts bewirken soll, z. B. heftiges Kratzen der Katze an den Tapeten, nachdem der Katzenhalter eine Nacht bei seiner neuen Freundin verbracht hat.*
Rekelsyndrom	*Die Katze kommt nach dem Schläfchen nicht auf die Beine.*
Ringflechte	*Traditionelle Haartracht von Langhaarkatzen.*
Risi et Bisi	*Die Katze reißt und beißt.*
Rotationskreuzung	*Kreisverkehr in Tierkliniken mit starkem Publikumsverkehr.*
Sedatio post curationem	*Nach der Behandlung muß der Tierarzt beruhigt werden.*
Signalkaskade	*Der Tierhalter redet mit Händen und Füßen.*

Spaltenappetenz	*Katze frißt nur, wenn ihr das Futter in kleinen Häppchen oder Scheiben serviert wird*
Tragstarre	*Muskelverspannung nach dem Transport einer übergewichtigen Katze.*
Tremor Dentium	*Die Katze klappert mit den Zähnen.*
Turbulenz-Syndrom	*Die Katze rast durch alle Räume.*
Überdominanz	*Die Katze hat ihren Halter fest im Griff.*
Übersprunghandlung	*Die Katze hüpft von einem Regal zum anderen.*
Verbalabusus	*Der Tierhalter vergreift sich im Ton.*
verbale Dystonie	*Tierhalter redet undeutlich.*
verbale Inkontinenz	*Der Tierhalter redet zu viel.*
Verdrängungskreuzung	*Überschneidung von Reviergrenzen, an deren Schnittpunkt die Alphakatze Vortritt vor den Betakatzen hat.*
Überdurchschnittlich guter Allgemeinzustand.	*Das Tier ist entschieden zu fett.*
Valeriana appetens	*Die Katze hat gekifft.*
Zementitis	*Die Beine sind betoniert, weil die Katze sich wieder mal mit nassem Hintern in Klumpstreu gewälzt hat.*

Was der Fachanwalt für Katzenrecht in seiner Akte notiert

Mit der steigenden Zahl der in privaten Haushalten lebenden Katzen hat bedauerlicherweise auch die Zahl der Streitigkeiten rund um die Katze zugenommen. Die Gerichte werden mit Klagen, Widerklagen und kätzerischen Beschwerden überhäuft.

Damit die Akte Ihres Fachanwalts für Katzenrecht für Sie kein Buch mit sieben Siegeln ist, haben angesehene Rechtswissenschaftler die wichtigsten Fachausdrücke aus dem *Jus Felidae,* dem Recht der Katze, zusammengetragen. Beachten Sie aber bitte, daß es nicht nur um das Recht der Katze selbst geht, sondern auch um das Recht *an* der Katze. Das „Recht der Katze" regelt die Stellung der Katze in der Rechtsordnung auf der Basis des Verfassungsrechts unter besonderer Berücksichtigung der speziellen Bedürfnisse der Feliden. Das „Recht an der Katze" hingegen betrifft die Rechtsbeziehung zwischen Katze und Katzenhalter(in).

Abänderungsklage	*Klage gegen eine Katze, ihr mißbilligtes Verhalten abzuändern.*
aberratio ictus	*Die Katze hat beim Sprung auf den Fernseher das Ziel verfehlt.*
Absonderung	*Stoffwechselendprodukt der Katze, übel riechend*
Annahme unter Vorbehalt	*Wenn die Katze ein nicht von ihr favorisiertes Futter unter dem Vorbehalt frißt, daß ihr bevorzugtes Futter nicht noch nachgeliefert wird.*
argumentum e silentio	*Schluß aus dem Schweigen: wenn es still ist, hat die Katze etwas angestellt*
Arrest	*Haltung eines potenten Katers in einem für weibliche oder juvenile Katzen unzugänglichen Raum*
Asylrecht	*Streunende Katzen genießen lebenslänglich Aufenthalts-, Bleibe- und Versorgungsrecht.*
Atypischer Kausalverlauf	*Niemand konnte damit rechnen, daß der Kater über den drei Meter hohen Zaun in den Garten der Nachbarn klettert und die sauteuren Nishikigoi aus dem Teich angelt.*
Aussonderung	*Trennung von benutzter und sauberer Katzenstreu*

beati possidentes	*Wer etwas besitzt, ist klar im Vorteil.*
Beweis des ersten Anscheins	*Es spricht eine an Sicherheit grenzende Wahrscheinlichkeit dafür, daß die Goldfische nicht aufgrund eigener Willensentscheidung und ohne Zutun der Katze das Aquarium verlassen haben.*
Briefgeheimnis	*Das Brief-, Post- und Fernmeldegeheimnis ist unverletzlich. Es gilt jedoch nicht zwischen Katze und Katzenhalter. Die Katze ist berechtigt, Briefe und Post des Halters zu prüfen und ggf. zu entsorgen und Telefonate mit anzuhören oder zu unterbrechen.*
Casum sentit dominus.	*Wer den Schaden hat, spottet jeder Beschreibung.*
Cessio leggings	*Die Katze hat die Hosen zerfetzt.*
Ceterum censeo Carthaginem esse delendam.	*Ankündigung der Katze, nun auch den Sessel im Schlafzimmer noch zu zerfetzen.*
Do ut des!	*Beißt du mich, beiße ich dich auch.*
Ersatzvornahme	*Notdürftige Wiederherstellung der von der Katze zerkratzten Einrichtungsgegenstände*
expressis verbis	*Schnelle Worte, Schnellsprecher*
feline Redundanz	*Zu viele Katzen in einem Haushalt*

Feststellungsklage	*Klage gegen den Katzenhalter, die Schrauben am Kratzbaum nachzuziehen*
Fiktiver (hypothetischer) Kausalverlauf	*Betrachtung darüber, welche Lebensdauer das schweineteure neue Ledersofa ohne Katze gehabt hätte*
Freizügigkeit	*Jede Katze hat das Recht, ihren Aufenthaltsort selbst zu bestimmen, auch nachts und im Viertelstundentakt; der Katzenhalter ist verpflichtet, der Katze unverzüglich sämtliche Türen zu öffnen, wenn sie einen Ortswechsel wünscht, auch nachts und im Viertelstundentakt.*
Frißtsache	*Eilige Mahlzeit*
Gleichberechtigung	*Alle Katzen sind vor dem Gesetz gleich. Keine Katze darf wegen ihrer Rasse benachteiligt werden.*
Grundrechte	*Jede Katze hat das Recht auf körperliche Unversehrtheit, Wahrung der Katzenwürde, Abhalten von Versammlungen und Demonstrationen sowie Meinungsfreiheit (auch nachts und während der Mittagszeit).*
Grundschuld	*Irgendwas Verbotswidriges hat eine Katze immer angestellt.*
Halteranfrage	*Recherche nach dem Halter einer streunenden Katze*

Haustürgeschäft	*Der Kater der Nachbarn hat schon wieder an die Tür gepinkelt.*
In dubio pro reo	*Der Zierfisch ist ohne Beteiligung der Katze aus dem Aquarium entwichen.*
Judex non calculat.	*Der Richter kann nicht rechnen.*
Klageerweiterung	*Lautstarke Unmutsäußerung der Katze, wenn die gewünschten Leckerchen nicht verabreicht werden.*
Koalitionsfreiheit	*Jede Katze hat das Recht, sich mit anderen Katzen zusammenzuschließen.*
Mater semper certa est.	*Die Mutter ist immer gewiß, aber wer der Vater ist, weiß katze nicht mit Bestimmheit.*
Mietspiegel	*Gegen Entgelt vorübergehend überlassenes Nachrichtenmagazin, wird gern von Katzen zerfleddert*
Minderung	*Verringerung der täglichen Futtermenge zum Zwecke der Gewichtsreduzierung*
Monetäre Fluktuation	*Katzenhalter verschleudert sein Geld*
Naturalrestitution	*Pflicht des Katzenhalters, die Naturalien wieder aufzufüllen*
Ne bis in idem.	*Die Katze hat nicht gebissen.*

Pacta sunt observanda!	*Der Tierhalter hat seine Katzen zu beaufsichtigen.*
Petitionsrecht	*Jede Katze hat das Recht, sich einzeln oder in Gemeinschaft mit anderen an die zuständigen Stellen und an den Katzenausschuß der Volksvertretung zu wenden.*
Pflichtteil	*Mindestfuttermenge*
Pflichtteilsergänzung	*Anspruch der Katze auf Aufstockung der täglichen Futtermenge*
Positive Vertragsverletzung	*anders als die negative Vertragsverletzung willkommener Verstoß gegen vertragliche Absprachen, wenn z. B. die Katze entgegen der klaren vertraglichen Abrede nicht mit neun Monaten kastriert wird, und daher entzückende Kitten wirft*
Prima facie	*Ein schönes Gesicht*
Rechtshängigkeit	*das Recht hängt nach Klageerhebung in der Warteschleife*
Quid pro quo	*Mit Ihnen bin ich fertig!*
rei vindicatio	*Eine windige Angelegenheit*
Schlichtungsstelle	*Einrichtung zur Beilegung von Revierstreitigkeiten rivalisierender Kater*

Se ut domina gerere	*Streng auftreten*
Sorgerecht	*Jeder Katzenhalter hat das Recht, sich um seine Katze zu sorgen.*
Stufenklage	*Katze sitzt im Treppenhaus und jammert*
Testes non est judicare.	*Über die Cojones sprechen wir nicht.*
Überholende Kausalität	*Nachbars Kater schnappt der Katze den Kanarienvogel vor der Nase weg.*
Überschießende Innentendenz	*Die Katze kübelt auf den Teppich.*
Unterhaltsklage	*Klage der Katze auf angemessenes Entertainment*
Unterlassungsverfügung	*(zumeist) vergeblicher Versuch, eine bestimmte, unerwünschte Verhaltensweise der Katze zu unterbinden*
Verfassungsbeschwerde	*Die Katze beschwert sich, weil sie in schlechter Verfassung ist.*
Widerspruch	*Nicht fristgebundene Unmutsäußerung einer Katze, in der Regel lautstark*
Wiedereinsetzung in den vorigen Stand	*Das Katzenklo kommt wieder dort hin, wo es seit fünf Jahren stand*

Wissenschaftsfreiheit

Wissenschaft und Forschung sind frei. Die Katze ist berechtigt, jeden Gegenstand, jeden Raum und jede Person ihres Interesses einer sorgfältigen (auch körperlichen) Untersuchung zu unterziehen.

Versorgungsausgleich

Die monetären Mittel, die ein Katzenhalter für die Versorgung seiner Katze aufwendet, verhalten sich reziprok proportional zum Umfang seiner verfügbaren Kapitalreserven (voller Freßnapf/leeres Konto).

Volenti non fit iniuria.

Wer eine Katze anfaßt, darf sich nicht über Kratzer beschweren.

Zeugnisverweigerungsrecht

Keine Katze ist verpflichtet, über ihren Halter eine Kompetenzbeurteilung abzugeben.

Exkurs: Halter haften für ihre Katzen

Immer öfter ist die Katze trotz ihrer Beliebtheit Gegenstand einer juristischen Auseinandersetzung. In diesem Zusammenhang sei an die zahlreichen Streitigkeiten erinnert, in denen es darum ging, wie viele Katzen in einer Wohnung gehalten werden dürfen, um welche Uhrzeit und in welcher Lautstärke Katzen miauen und wie oft am Tag und mit wem Katzen Sex haben dürfen. Hier sind ergänzend einige wichtige Gerichtsentscheidungen, die Sie unbedingt kennen und berücksichtigen sollten.

Sollte Ihre Katze einen Ihrer 500-Euro-Geldscheine fressen, dann achten Sie bitte darauf, daß entweder mindestens 50 Prozent des Geldscheins noch vorhanden sind oder Sie nachweisen können, daß die fehlenden Teile gefressen wurden. Andernfalls ist die Bundesbank nicht verpflichtet, den zerfledderten Geldschein auszutauschen (Urteil des Verwaltungsgerichts Frankfurt vom 28.05.2009 – Az. 1 K 2838/08.F). Eine beschädigte Banknote ist nur dann zu ersetzen, wenn die vorgelegten Banknotenteile mindestens 50 Prozent einer Euro-Banknote darstellen oder – wenn die Banknotenteile 50 Prozent oder weniger einer Euro-Banknote ergeben – die Vernichtung der restlichen Banknotenteile nachgewiesen ist.

Das Gericht wies mit seinem Urteil die Klage eines Mannes ab, der einer Filiale der Bundesbank Teile eines 500-Euro-Geldscheins vorgelegt und behauptet hatte, den Rest habe seine Katze gefressen. Die Bundesbank wurde mißtrauisch, als sie feststellte, daß die vorgelegten Teile von verschiedenen Geldnoten stammten, und lehnte einen Austausch ab. Das Verwaltungsgericht teilte dieses Mißtrauen und entschied, dem Kläger sei nicht der erforderliche Nachweis des Verlustes der 500-Euro-Banknote gelungen. Auch die „Katzengeschichte" überzeugte die Richter nicht. Sie meinten, in diesem Fall hätten die unverdaulichen Reste des Geldscheins noch in den Exkrementen des Tieres vorhanden gewesen sein müssen. Und das war nachweislich nicht der Fall.

Interessant wird die Sache, wenn die Katze von A den 500-Euro-Schein von B frißt. Juristen streiten sich darüber, wer dann Eigentümer des Scheins ist: A? Oder B? Oder die Katze? Und was ist, wenn A die Katze an C verkauft? Wird dann C Eigentümer des Scheins? Wie verhält es sich, wenn die Katze den Schein im Katzenklo von D ausscheidet? Ist dann D Eigentümer? Nach dem Motto „Geld stinkt ja bekanntlich nicht!"?

Und was ist, wenn der Schein doch zum Himmel stinkt und D die Katzenstreu ins Klo kippt? Werden dann die Stadtwerke Eigentümer des Scheins? Was ist, wenn die Streu die Rohre verstopft und auf halber Strecke hängen bleibt? Sind dann schon die Stadtwerke Eigentümer? Oder noch D? Oder gar der Vermieter? Oder der Klempner, der die Schweinerei in Ordnung bringt?

Zu diesen komplexen Fragen steht derzeit höchstrichterliche Rechtsprechung noch aus.

Eine Katze ist berechtigt, das Grundstück eines Nachbarn zu betreten. Unzulässig ist es jedoch, wenn sie dies in Begleitung einer anderen zu ihrer Familie gehörenden Katze tut. Grundstückseigentümer müssen grundsätzlich dulden, daß eine Katze des Nachbarn ihren Garten besucht. Der Katzenhalter muß jedoch verhindern, daß *mehrere* seiner Katzen auf das fremde Grundstück laufen (Landgericht Hildesheim vom 01.10.2003 -Az. 1 S 48/03).

Offen gelassen hat das Gericht hingegen die Frage, ob die Katze sich mit befreundeten Katzen oder mit einem Kater auf dem Nachbargrundstück treffen oder gemeinsam mit anderen, nicht zur Familie gehörenden Katzen das Nachbargrundstück betreten darf und ob es für Feliden ein gewohnheitsmäßiges Versammlungs- und Demonstrationsrecht gibt.

Bemerkenswert ist auch die Entscheidung des Landgerichts Paderborn vom 07.09.2000 (Az. 5 S 181/00). Danach muß niemand innerhalb geschlossener Ortschaften eine Katze überfahren, wenn der Hintermann zu dicht auffährt und bei einem Bremsmanöver mit dem vorausfahrenden Fahrzeug kollidieren könnte. Bremst also ein Fahrzeugführer innerhalb einer geschlossenen Ortschaft für eine Katze und fährt der Hintermann auf das bremsende Fahrzeug auf, dann muß die Haftpflichtversicherung des Hintermanns den Schaden des Katzenbremsers ersetzen. Dies gilt jedenfalls dann, wenn die Katze im Begriff ist, die Fahrbahn zu überqueren.

Der nachfolgende Verkehr haftet jedoch nicht, wenn ein Fahrer wegen der außerordentlichen Schönheit einer Katze bremst, die entspannt auf dem Gehweg sitzt oder liegt und keine Anstalten macht, die Straße zu betreten.

Bleibt dem abbremsenden Kraftfahrer keine Möglichkeit, zwischen dem Überfahren eines Tieres (hier: einer Katze) und einer möglichen Gefährdung des nachfolgenden Verkehrs abzuwägen, dann ist von einem zwingenden Grund für ein starkes Abbremsen auszugehen. Bei plötzlichem Auftauchen von Tieren oder sonstigen Hindernissen auf der Fahrbahn stellt nach Ansicht des Landgerichts Koblenz (Az. 12 S 130/00) der sofortige Tritt auf die Bremse eine spontane reflexbedingte Reaktion dar, die auch einem besonders aufmerksamen Kraftfahrer unterlaufen kann. Der auffahrende Kraftfahrer hat daher keinen Schadensersatzanspruch gegen den Fahrer, der zugunsten der Katze abgebremst hat.

In dieser Entscheidung offen genblieben ist die Frage, ob der Katze Schmerzensgeldansprüche gegen den Unfallverursacher wegen Zufügung eines psychischen Schocks zustehen und ob der Katzenhalter Ansprüche geltend machen kann, wenn die Katze infolge des Verkehrsunfalls zu Verhaltensstörungen wie Unreinheit, Tapetenkratzen, Jaulen etc. neigt.

Wer eine zugelaufene Katze regelmäßig füttert und teilweise beherbergt, der gilt als Tierhalter mit der Folge, daß er für den Schaden aufkommen muß, den das Tier angerichtet hat, weil es über die Straße gelaufen ist und ein Autofahrer deshalb vor eine Mauer fuhr (Landgericht Paderborn – Az. 5 S 35/95).

Vergewissern Sie sich daher bitte, bevor Sie eine zugelaufene Katze füttern oder beherbergen, ob sich in der Nähe Ihres Wohnsitzes verkehrsgefährdete Mauern befinden. Sollte dies der Fall sein und Sie trotzdem darauf bestehen, die Katze zu versorgen, dann malen Sie bitte weiße Blockstreifen auf die Fahrbahn und stellen Sie das Verkehrszeichen Nr. 3746ByH *„Achtung, Katze kreuzt Fahrbahn!"* auf. Wenn dann ein Autofahrer vor eine Mauer fährt, haften Sie nicht.

Fährt der Autofahrer jedoch statt dessen gegen das Verkehrszeichen, haben Sie Schadensersatzansprüche gegen ihn. Der Einwand der freilaufenden Katze entlastet den Fahrer nicht.

Verursacht ein Motorradfahrer mit 1,45 Promille Alkohol im Blut einen Auffahrunfall, so kann er sich nicht mit dem Hinweis entlasten, er habe einer Katze ausweichen wollen (Oberlandesgericht Koblenz – 10 U 201/91). Das gleiche gilt nach der herrschenden Meinung in Rechtsprechung und Schrifttum auch dann, wenn der Grad der Alkoholisierung 1,45 Promille übersteigt oder ein nicht alkoholisierter Motoradfahrer behauptet, eine schwarze Katze habe seinen Weg gekreuzt. Die Behauptung, er habe einen Kater und könne sich an nichts erinnern, entlastet den (wieder nüchternen) Täter nicht.

Katzen sind nicht berechtigt, fremde Fahrzeughauben zu betreten, zu beschmutzen oder zu beschädigen. Der Katzenbesitzer hat dafür zu sorgen, daß seine Katze die Autos der Nachbarn nicht als Ruheplätze oder Teil ihrer Laufstrecke benutzen oder mit Kratzspuren versehen (Landgericht Lüneburg – Az. 1 S 198/99). Andernfalls hat er Ordnungsgelder oder Schadensersatzforderungen zu gewärtigen.

Stellen Sie Ihrer Katze daher bitte ersatzweise ein eigenes Fahrzeug zum Laufen, Kratzen und Ruhen zur Verfügung und machen Sie dem Eigentümer des fremden Fahrzeugs klar, daß sein verdammter, lausiger, schlecht erzogener, stinkender, häßlicher Köter gefälligst nicht an Ihre Reifen zu pinkeln hat! Sie werden sehen: das klärt die Situation schnell und nachhaltig.

Riecht es im Flur vor einer Mietwohnung, in der Katzen gehalten werden, „wie in einem Raubtierhaus im Zoo", so rechtfertigt dies eine fristlose Kündigung durch den Vermieter (Landgericht Berlin – Az. 67 S 46/96).

Der Eigentümer eines Porsches verklagte seinen Nachbarn auf Schadensersatz, weil dessen Katze auf seinem Fahrzeug herumgelaufen sei und dabei den Lack verkratzt habe. Das Amtsgericht Celle (Az. 16 C 187/97) hat seine Klage auf Zahlung von Schadensersatz abgewiesen. Der vom Gericht bestellte Sachverständige hielt es für unwahrscheinlich, daß eine Katze derartige Lackschäden verursachen könne. Er führte dazu aus, es sei unplausibel, daß sich die Tiere mit ausgefahrenen Krallen über glatte Oberflächen bewegen, da zwischen den weichen Ballen und der glatten Lackierung eine Haftung erfolgen kann, aufgrund ausgefahrener Krallen diese aber verloren gehe. Lediglich leichte Lackverschrammungen seien durch eine Katze möglich. Diese rührten aus anhaftenden Sandkörnern zwischen Ballen und Pfotenbehaarung her.

Zu klären wäre, ob diese Rechtsprechung auf das Herumlaufen auf dunklen Möbeln entsprechend anzuwenden wäre. Hier spricht nach herrschender Meinung in Katzenhalterkreisen der Beweis des ersten Anscheins dafür, daß Katzenkrallen *conditio-sine-qua-non* (lat. ursächlich) für Kratzer im Furnier sind.

Auch eine Erbschaft, die dazu dienen soll, die Katzen einer Verstorbenen zu unterhalten (hier: u.a. Futter für die Katze „Flocki", zwei Pfund Rindfleisch pro Woche), ist für denjenigen, der die Pflege übernommen hat abzüglich des für ihn maßgebenden Freibetrags steuerpflichtig, selbst wenn die tatsächlichen Aufwendungen den ursprünglichen Betrag im Laufe der Zeit übersteigen (Finanzgericht Düsseldorf – Az. 4 K 3167/94).

Freuen Sie sich also bitte nicht zu früh, wenn Ihre Erbtante Ihnen ihre alte schielende Katze mit einem *Kostgeld* vermacht. Und gewöhnen Sie das Tier beizeiten an eine preisgünstigere Alternativkost mit hohem Sättigungswert. Machen Sie ihr klar, wie sehr BSE Wohlbefinden und Lebenserwartung einer Katze beeinträchtigen kann.

Eine Katzenhalterin ließ ihren Kater bei einem Tierarzt behandeln. Auf Bitten des Tierarztes hielt sie ihr Tier am Kopf fest. Als der Tierarzt mit der Behandlung beginnen wollte, biß der Kater seine Halterin überraschend in den Daumenballen. Obwohl der Tierarzt sofort die Wunde mit Jod und Pflaster versorgte, kam es zu Komplikationen und zu einem einwöchigen stationären Krankenhausaufenthalt. Die Katzenhalterin hat den Tierarzt auf Zahlung eines Schmerzensgeldes in Höhe von 4.000,00 EUR verklagt. Sie meinte, der Tierarzt habe ihre Wunde nicht ausreichend versorgt. Ihre Klage hatte indes keinen Erfolg. Nach Ansicht des Oberlandesgericht Oldenburg (Az. 12 U 105/01) scheidet eine Haftung des Tierarztes aus, wenn der Tierhalter selbst die tierärztliche Assistenz übernimmt und die Katze während der Behandlung hält (daher „Tierhalterhaftung“). Insoweit werde er wie ein Arbeitnehmer tätig. Dieser gesetzliche Haftungsausschluß gilt nach Ansicht des Oberlandesgerichts nicht nur für den Katzenbiß selbst, sondern auch für die anschließende Wundversorgung.

Katzenhalter sind daher gut beraten, den Begriff der „Katzenhaltung“ möglichst eng auszulegen und dem Tierarzt ihres Vertrauens nicht zur Hand zu gehen. Wenn sie gleichwohl die Katze halten und von ihrer Katze gebissen werden, sollten sie unverzüglich einen Humanmediziner konsultieren. Dafür spricht neben der Haftungsfrage auch die Tatsache, daß dann die Behandlung des verletzten Tierhalters über die Krankenkasse abgerechnet werden kann.

Es soll schon vorgekommen sein, daß der Tierarzt selbst den Katzenhalter während einer Behandlung gebissen hat. In diesem Fall hängt seine Haftung für Schäden des Katzenhalters davon ab, ob er aus Angst vor Versagen, aus Bosheit, aus Verzweiflung wegen der Schwierigkeit des Falls, zur Durchsetzung seiner berechtigten Honorarforderung oder in Notwehr gebissen hat.

Wenn die Wohnung vollständig abbrennt, ist die Hausratversicherung, sofern eine solche abgeschlossen ist, zur Schadensregulierung verpflichtet. Wird aber in einem derartigen Fall die Katze des Versicherungsnehmers für die Zeit des Wiederaufbaus der Wohnung in einer Katzenpension untergebracht, dann muß die Hausratversicherung für diese Kosten nicht aufkommen (Oberlandesgericht Hamm – Az. 20 W 21/98).
Verzichten Sie daher bitte darauf, Ihre Wohnung abzufackeln. Oder mieten Sie für Ihre Katze ein komfortables Hotelzimmer mit Catering (Vollpension).

Schleppt die Katze eines Mieters Flöhe ein, so muß der Mieter die Kosten für deren Beseitigung übernehmen (Amtsgericht Köln – Az. 213 C 153/94). Gemeint ist wohl die Beseitigung der Flöhe, nicht die der Katze.

Ein Katzenhalter, dessen Tier im Garten der Nachbarn einen Goldfisch aus dem Teich „fischt", ist für den eingetretenen Schaden genauso haftbar, als hätte er selbst den Fisch aus dem Teich geholt. Voraussetzung für den Schadensersatzanspruch des Nachbarn ist aber, daß der Fischhalter der Katze ihre Vorliebe für fangfrischen Goldfisch tatsächlich auch nachweisen kann. Eine reine Vermutung reicht für eine Haftung des Katzenhalters nicht aus. Der geschädigte Gartenteichbesitzer muß den vollen Beweis dafür führen, daß gerade diese Katze und keine andere den Goldfisch gefangen, verzehrt, verletzt oder getötet hat und daß der Goldfisch nicht aus eigenem Antrieb und freiwillig ausgezogen ist. Kann der Gartenteichbesitzer den Beweis führen, dann muß der Katzenhalter seiner Katze zwar den Auslauf nicht verbieten. Für den Schaden muß er jedoch aufkommen (AG Bonn – Az. 11 C 463/84; LG Augsburg – Az. 4 S 2099/84).

Der Katzenhalter haftet auch dafür, daß seine Katze den Teich nach der Fischmahlzeit in ordnungsgemäßem Zustand hinterläßt. Fischabfälle wie Gräten, Köpfe und Flossen hat er ggf. auf eigene Kosten zu beseitigen.

Nicht entschieden wurde bisher die Frage, wer die Kosten einer notwendigen Psychotherapie oder eines stationären Aufenthalts zu tragen hat, wenn die im Gartenteich verbliebenen übrigen Fische durch den feliden Übergriff traumatisiert sind. Die Tierkrankenkassen lehnen die Kostenübernahme derzeit einheitlich ab.

Ein Brieftaubenzüchter verlangte von seiner Nachbarin Schadenersatz, weil deren Katze gegen seine Vogelvoliere gesprungen sei. Dadurch habe sich seine Brieftaube derart erschreckt, daß sie zu Tode gekommen sei. Im Gerichtsverfahren konnte die Ursache für den Tod der Brieftaube nicht geklärt werden. Die Klage des Brieftaubenzüchters auf Schadenersatz hatte daher keinen Erfolg. Das Gericht hatte große Zweifel, ob die Katze tatsächlich für den Tod der Brieftaube verantwortlich war. Der Brieftaubenzüchter konnte nicht beweisen, daß gerade diese und keine andere Katze zu der Schreckreaktion der Brieftaube geführt hatte. Solche Zweifel gehen zu Lasten des geschädigten

Klägers. Das Landgericht Siegen (Az. 5 O 31/05) hat daher die Klage des Brieftaubenzüchters abgewiesen.

Die Nachbarin hat ihrerseits Klage gegen den Brieftaubenhalter erhoben auf Erstattung der Kosten, die ihr durch die Teilnahme ihrer Katze an psychotherapeutischen Einzelsitzungen entstanden sind. Die Katze war frustriert darüber, daß die Brieftauben im Tiefflug über ihren Garten gezogen sind und es ihr nicht gelungen ist, eine von ihnen zu fangen. Die Katze vertrat die Auffassung, den Brieftauben stünde ohne ihre ausdrückliche Genehmigung kein Überflugrecht zu. Der tägliche Tiefflug sei eine unerhörte Provokation und erfülle den Tatbestand des Gartenfriedensbruchs. Sie sei daher zur Notwehr berechtigt. Die Tatsache, daß es ihr nicht gelinge, von ihrem Recht auf Notwehr Gebrauch zu machen, führe bei ihr zu therapiebedürftigen depressiven Verstimmungen.

Der Rechtsstreit ist noch nicht entschieden. Das Gericht wird zunächst Beweis erheben durch Einholung eines Sachverständigengutachtens.

Eine Katzenfreundin hatte ein Kellerfenster offen gelassen, um zwei wilden Katzen Unterschlupf im Keller zu gewähren. Durch diese Katzen hatte es zwar keine Geruchsbelästigung gegeben, wohl aber durch einen fremden, unkastrierten Kater, der dem Charme der beiden Katzen nicht widerstehen konnte.

Die Wohnungsverwaltung verbot die Fütterung im Keller und verlangte von der Frau 130,00 Euro für die Entfernung der Katerduftmarken. Die Frau fühlte sich nicht für den potenten Kater verantwortlich und zahlte nicht.

Das Amtsgericht Hohenschönhausen (Az. 2 C 435/03) sah das anders. Der fremde Kater sei durch die Fütterung angezogen worden. Es hat die Frau antragsgemäß zur Zahlung verurteilt. Wegen des geringen Gegenstandswertes war eine Berufung gegen die Entscheidung des Amtsgerichts nicht möglich.

Bemerkenswert an dieser (in feministischen Kreisen sehr umstrittenen) Entscheidung ist die Einschätzung des Gerichts, daß der potente Kater gerade durch das dargebotene Futter angezogen wurde und nicht durch die zwei Katzendamen.

Die Katzenliebhaberin hatte jedenfallsnach dem Prinzip „Männer machen nur Ärger und Dreck“ die Duftmarkenentfernungskosten zuzüglich Zinsen, die Gerichtskosten und die Kosten ihres eigenen Anwalts zu bezahlen.

Durch das zur Nachtzeit eingehende Fax läutete das Telefon eines Katzenhalters. Der Katzenhalter schreckte aus dem Schlaf hoch und lief eilig zum Faxgerät. Seine Katze wiederum schreckte aus dem Tiefschlaf und fiel vom Kratzbaum, als sie plötzlich nachts ihren Besitzer an sich vorbeilaufen sah. Bei dem Sturz verletzte sich die schlaftrunkene Katze. Sie mußte vom Tierarzt behandelt werden. Die Kosten dafür wollte der Besitzer vom Absender des Faxes ersetzt haben, weil der seiner Ansicht nach Verursacher des Malheurs sei.

Das Amtsgericht Regensburg (Az. 4 C 4376/98)beurteilte den Fall anders. Einen solchen Geschehensablauf habe der Absender nicht vorhersehen können, als er das Fax abschickte. Mit einer derart unglücklichen Verknüpfung von Umständen habe der Absender nicht rechnen müssen. Ferner sei der Katzenbesitzer selbst für den Umstand verantwortlich, daß bei jedem eingehenden Fax sein Telefon läutet.

Verschrotten Sie also lieber Ihr Fax und stellen Sie Ihre Korrespondenz auf lautlose Emails um.

Funktionsstörungen

Sie kennen das sicher: Ihre Katze zeigt unerwünschte Verhaltensweisen, die Sie nicht tolerieren können oder wollen. Nicht bei jeder Funktionsstörung Ihrer Katze müssen Sie gleich fachtierärztliche oder psychotherapeutische Hilfe in Anspruch nehmen. Und nicht immer muß Ihre Katze nach § 7 Absatz 3 a) PlüschKG in Sicherungsverwahrung genommen werden.

Viele Fälle lassen sich schnell, unkompliziert und weitgehend kostenneutral selbst lösen. Hier sind die Tips:

trägt Ihnen immer wieder Mäuse ins Haus.	*Fordern Sie sie auf, Ihnen noch mehr Mäuse zu bringen. Oder haben Sie schon einmal erlebt, daß eine Katze genau das tut, was man(n) ihr sagt?*
Heftiges Kratzen an der Tür des Kleiderschranks.	*Öffnen Sie die Schranktür und lassen Sie die Katze frei.*
kriecht rückwärts laut würgend über den neuen hellen Teppichboden.	*Legen Sie ihr ein paar saugstarke Küchentücher vor.*
reißt Löcher in die Spannbettücher aus Jersey.	*Kaufen Sie Spannbettücher aus Frottee. Die halten sechs Monate lang.*
Lautes, eindringliches oder forderndes Miauen während der Nachtstunden.	*Tragen Sie Ohrstöpsel.*
beansprucht nachts den größten Teil Ihres Bettes für sich.	*Überlassen Sie ihr auch den Rest des Bettes und schlafen Sie auf dem Sofa.*
spreizt Arme und Beine (Parkkralle), wenn sie in eine Transportkiste steigen soll.	*Schaffen Sie eine XXL-Transportkiste für sehr große Hunde an, notfalls einen Pferdeanhänger, und steigen Sie gemeinsam mit Ihrer Katze ein.*

Die Tapeten sind zerfetzt.	*Die Farbe/das Muster wird Ihrer Katze nicht gefallen haben. Tapezieren Sie neu.*
zieht Fäden aus den Bezügen von Sofas und Sesseln.	*Ersetzen Sie die Polstermöbel durch Korbmöbel ohne Auflagen. Ihre Katze wird auf dem Geflecht herum kauen. Aber es dauert lange, bis sie es richtig kaputt hat.*
klettert an Vorhängen und Gardinen hoch.	*Kürzen Sie Vorhänge und Gardinen jeweils um einen Meter. Dann bleiben auch nicht so viele Haare darin hängen, und Sie haben es leichter beim Staubsaugen.*
sitzt vor ihrem Futternapf und frißt nicht.	*Der Futternapf ist leer. Füllen Sie ihn.*

sitzt vor ihrem Futternapf und frißt nicht.	*mag das Futter nicht. Bieten Sie ihr eine andere Sorte an.*
sitzt vor ihrem Futternapf und frißt nicht.	*Das Futter ist verdorben. Füllen Sie frisches Futter nach.*
sitzt vor ihrem Futternapf und frißt nicht.	*Der Napf stinkt. Reinigen Sie ihn.*
sitzt vor ihrem Futternapf und frißt nicht.	*Der Napf ist kaputt. Kaufen Sie einen neuen.*
sitzt vor ihrem Futternapf und frißt nicht.	*ist satt. Lassen Sie sie in Ruhe.*

Weihnachten mit Ihrer Katze

Sie möchten Freunde und Verwandte zu Weihnachten mit selbst gebackenen Lebkuchen überraschen? Fein! Das ist eine gute Idee, eine sehr gute Idee. Reservieren Sie ein unverplantes Wochenende, wälzen Sie alte Backbücher, suchen Sie das Lebkuchenrezept von Tante Frieda selig heraus, fahren Sie in den nächsten Supermarkt, kaufen Sie Backzutaten ein, stehen Sie an der Kasse Schlange, fahren Sie wieder nach Hause, heben Sie Ihre Katze aus dem Einkaufskorb, packen Sie Ihre Einkäufe aus, krempeln Sie die Ärmel hoch, legen Sie ggf. eine Schürze an und legen Sie los.

Backen Sie Lebkuchen!

- Räumen Sie die Arbeitsplatte in der Küche frei.
- Legen Sie die Backzutaten bereit.
- Scheuchen Sie Ihre Katze von der Arbeitsplatte.
- Schlagen Sie das Backbuch auf.
- Jagen Sie Ihrer Katze hinterher, die soeben mit der Tüte Lebkuchengewürz unter dem Sofa verschwindet.
- Gehen Sie in die Abstellkammer und holen Sie die Backbleche.
- Gehen Sie noch einmal zurück und scheuchen Sie die Katze aus der Abstellkammer.
- Fetten Sie die Backbleche sorgfältig an den Rändern ein.
- Entfernen Sie die fettigen Pfotenabdrücke von der Arbeitsplatte und vom Laminat.
- Legen Sie eine Rolle Backpapier und eine Schere bereit.
- Öffnen Sie noch einmal die Schublade, in der sich Backpapier und Schere befanden und entfernen Sie die Katze.
- Schneiden Sie ein passendes Stück Backpapier zurecht.
- Scheuchen Sie die Katze vom Backpapier.
- Schneiden Sie ein neues Stück Backpapier zu und werfen Sie das Stück fort, das Ihre Katze zerfetzt hat.
- Rollen Sie das Backpapier auf dem Blech aus.
- Scheuchen Sie die Katze vom Blech.

- Rollen Sie das Backpapier erneut auf dem Blech aus.
- Schneiden Sie ein neues Stück Backpapier zu und werfen Sie das Stück fort, das Ihre Katze zerfetzt hat.
- Scheuchen Sie die Katze vom Blech.
- Holen Sie eine große Rührschüssel aus dem Küchenschrank.
- Öffnen Sie den Küchenschrank noch einmal und entfernen Sie die Katze.
- Fegen Sie das Mehl zusammen, das aus der aufgerissenen Mehltüte rieselt.
- Wiegen Sie die Zutaten ab.
- Entfernen Sie die Katze von der Butter.
- Vermischen Sie Mehl, Kakao, Gewürze und Pottasche miteinander.
- Scheuchen Sie die Katze von der Arbeitsplatte und bürsten Sie ihr den Kakao aus dem Bart.
- Schälen Sie eine Handvoll blanchierte Mandeln.
- Zerren Sie die Katze aus der Mandeltüte.
- Legen Sie zwei Eßlöffel Korinthen in Rum ein und stellen Sie die Rumflasche in den Küchenschrank zurück.
- Öffnen Sie den Küchenschrank noch einmal und befreien Sie die Katze.
- Erwärmen Sie ein Glas Honig, ein Stück Butter, ein Pfund Rohrzucker und eine Tasse Milch auf dem Herd.
- Reiben Sie der sich heftig wehrenden Katze den Honig aus dem Bart.
- Schlagen Sie vier große Eier auf. Geben Sie Eiweiß und Eigelb an den Teig.
- Jagen Sie hinter der Katze her, die gerade die Eierschalen unter das Bett kickt.
- Kneten Sie mit beiden Händen kraftvoll den schweren, klebrigen Teig.
- Hypnotisieren Sie Ihre Katze, die gerade jetzt ihre Krallen in Ihre Schienbeine bohrt.
- Schneiden Sie ein neues Stück Backpapier zu und werfen Sie das Stück fort, das Ihre Katze zerfetzt hat.
- Scheuchen Sie die Katze vom Blech.
- Legen Sie das Backpapier auf das Blech.

- Zerren Sie Ihre Katze aus der Teigschüssel und entfernen Sie die klebrigen Teigklumpen aus ihren Fell.
- Verteilen Sie den Teig gleichmäßig auf dem Blech und rollen Sie den Teig etwa einen Zentimeter dick aus.
- Scheuchen Sie die Katze vom Blech und füllen Sie die Pfotenabdrücke auf dem Teig wieder auf.
- Ziehen Sie mit einem Messerrücken Raster auf die Teigfläche.
- Scheuchen Sie die Katze vom Blech.
- Legen Sie halbierte, geschälte Mandeln in die Raster und entfernen Sie die Katzenhaare vom Teig.
- Decken Sie den Teig sorgfältig mit Klarsichtfolie ab und stellen Sie das Blech über Nacht an einen kühlen Ort.
- Entsorgen Sie am nächsten Tag die zerfetzte Klarsichtfolie, entfernen Sie die restlichen Mandelhälften vom Teig und füllen Sie die Pfotenabdrücke mit kleinen Teigklumpen auf.
- Rollen Sie den Teig noch einmal glatt.
- Entfernen Sie die Katze aus der Schale mit den Mandeln.
- Ziehen Sie mit einem Messerrücken Raster auf den Teig.
- Scheuchen Sie die Katze von der Arbeitsplatte.
- Legen Sie neue Mandeln auf das Raster.
- Entfernen Sie die Katzenhaare vom Teig.
- Heizen Sie den Backofen auf 200 Grad vor.
- Füttern Sie Ihre Katze.
- Schieben Sie die Bleche in den Backofen, während Ihre Katze mit Fressen beschäftigt ist.
- Backen Sie die Lebkuchen 30 Minuten lang.
- Werfen Sie ein paar Leckerchen unter das Sofa.
- Ziehen Sie die Bleche aus dem Ofen, während Ihre Katze das Wohnzimmer nach den Leckerchen durchsucht.
- Schneiden Sie den noch warmen Teig am Raster entlang in mundgerechte Stücke.
- Legen Sie die Lebkuchenstücke zum Abkühlen auf einen Kuchenrost.

- Räumen Sie das Wohnzimmer auf. Stellen Sie den Schwibbogen aus dem Erzgebirge wieder auf die Fensterbänke zurück, ersetzen Sie eine zerbrochene Glühbirne und reparieren sie die Weihnachtspyramide.
- Sammeln Sie die Lebkuchen vom Fußboden in der Küche auf und fegen Sie die Krümel zusammen.
- Entfernen Sie die Katzenhaare von den Lebkuchen.
- Entreißen Sie Ihrer Katze den Handfeger und räumen ihn weg.
- Öffnen Sie den Besenschrank noch einmal und befreien Sie die Katze.
- Schichten Sie den Lebkuchen in eine fest verschließende Blechdose und stellen Sie die Blechdose hoch oben auf den Küchenschrank.
- Holen Sie die Blechdose noch einmal vom Schrank, öffnen Sie die Dose und entfernen Sie Katze.
- Fahren Sie in den nächsten Supermarkt und kaufen Sie eine Tüte Lebkuchen.

Nicht alle Ihrer Freunde und Verwandten wohnen in der Nähe und Sie möchten daher zum ersten Advent Lebkuchenpäckchen per Post verschikken? Fein! Eine gute Idee. Reservieren Sie ein unverplantes Wochenende und legen Sie los.

- Packen Sie ein Weihnachtspäckchen
- Räumen Sie den Küchentisch frei.
- Holen Sie einen passenden Karton aus der Abstellkammer.
- Gehen Sie noch einmal zurück in die Abstellkammer und befreien Sie die Katze.
- Legen Sie Geschenkpapier, Geschenkband, Klebefilm und die Tüte mit den gekauften Lebkuchen bereit.
- Entfernen Sie die Katze aus dem Karton.
- Rollen Sie das Geschenkpapier auf dem Tisch aus.
- Scheuchen Sie die Katze vom Papier.
- Messen Sie ab, wieviel Papier Sie benötigen.
- Scheuchen Sie die Katze vom Papier.
- Schneiden Sie ein Stück Geschenkpapier von der Rolle.
- Entreißen Sie Ihrer Katze das Papier und werfen sie es weg.

- Rollen Sie noch ein Stück Papier von der Rolle.
- Entreißen Sie Ihrer Katze die Papierschere.
- Scheuchen Sie die Katze vom Tisch.
- Schneiden Sie ein neues Stück Geschenkpapier zurecht.
- Scheuchen Sie die Katze vom Tisch.
- Legen Sie die Tüte mit den gekauften Lebkuchen mittig auf das Papier.
- Schneiden Sie Klebeband zurecht und reparieren Sie damit Risse in der Lebkuchentüte.
- Entfernen Sie mit einer Pinzette vorsichtig Klebeband aus den Barthaaren Ihrer Katze.
- Werfen Sie das zerfetzte Stück Geschenkpapier weg und schneiden Sie ein neues Stück zu.
- Wickeln Sie das Geschenkband wieder auf die Rolle.
- Entfernen Sie die Katze aus dem Karton.
- Füllen Sie die gekauften Lebkuchen in eine neue Cellophantüte und werfen Sie die zerfetze Originaltüte weg.
- Zerren Sie die Katze aus der Tüte.
- Wickeln Sie das Geschenkpapier um die Tüte mit den Lebkuchen.
- Verschließen Sie das Geschenkpapier mit Klebestreifen.
- Öffnen sie die Verpackung wieder und entfernen Sie die Katze.
- Stopfen Sie zerknautschtes Seidenpapier in den Karton.
- Legen Sie die Tüte mit den gekauften Lebkuchen unverpackt auf das Seidenpapier.
- Nehmen Sie die Tüte noch einmal heraus und scheuchen Sie die Katze aus dem Karton.
- Holen Sie eine Rolle Tesapack aus der Abstellkammer.
- Gehen Sie zurück in die Abstellkammer und befreien Sie die Katze.
- Entsorgen Sie das zerrissene Geschenkpapier und das zerfetzte Geschenkband.
- Befreien Sie Ihre Katze aus dem gelben Sack.
- Kleben Sie den Karton zu und beschriften Sie einen Adreßaufkleber.
- Öffnen Sie den Karton noch einmal und scheuchen Sie die Katze aus dem Karton.
- Schließen Sie den Karton und befestigen Sie den Adreßaufkleber.

- Räumen Sie die Küche auf.
- Füllen Sie die Futternäpfe Ihrer Katze und fahren Sie zum Postamt.
- Reihen Sie sich in die Warteschlange ein.
- Lassen Sie, wenn Sie nach einer Stunde bis zum Schalter aufgerückt sind, das Päckchen noch einmal wiegen.
- Fahren Sie nach Hause, befreien Sie die Katze aus dem Karton, essen Sie die Lebkuchen selbst.

Schreiben Sie stattdessen einen Rundbrief an Ihre Freunde und Verwandten.

- Fahren Sie Ihren Rechner hoch.
- Scheuchen Sie Ihre Katze von der Tastatur.
- Entwerfen Sie einen Text.
- Scheuchen Sie Ihre Katze von der Tastatur.
- Fügen Sie eigene Fotos ein.
- Heben Sie Ihre Katze vom Schalter „Entf.“.
- Schreiben Sie den Text noch einmal und fügen Sie neue Fotos ein. Speichern Sie sofort.
- Legen Sie Papier in den Drucker.
- Scheuchen Sie die Katze vom Drucker.
- Stellen Sie einen gelben Sack bereit, um die 199 Ausdrucke aufzufangen.
- Befreien Sie die Katze aus dem gelben Sack.

- Rufen Sie Ihre Freunde und Verwandten an und wünschen Sie einen schönen Advent.
- Entfernen Sie Ihre Katze von der Tastatur des Telefons.
- Beenden Sie die Verbindung zur Telefonauskunft in Australien.
- Bitten Sie einen Nachbarn, über Handy einen Servicetechniker zu rufen, der das durchgebissene Telefonkabel austauscht.
- Erkundigen Sie sich bei der Gelegenheit auch gleich, wo Sie Ihre Katze im nächsten Jahr zur Weihnachtszeit parken können.
- Schließen Sie eine Katzenhaftpflichtversicherung ab.
- Durchsuchen Sie die gelben Säcke nach dem Lebkuchenrezept von Tante Frieda selig.
- Teilen Sie Ihren Nachbarn mit, daß sich das Catsitting erledigt hat und daß Sie im nächsten Jahr auf Lebkuchen verzichten werden.
- Machen Sie einen Termin bei Ihrem Psychiater.

Glossar

Damit Sie wissen, wovon Sie reden!

Bärchen	Britisch Kurzhaar Kitten
Blaubären	Britisch Kurzhaar Kitten in Blau
Bommeln	Hoden des potenten Katers
Deckschrei	Schrei der weiblichen Katze, wenn der Kater nach der Kopulation seinen stacheligen Penis aus ihrer Scheide zieht; Schrei des Katers, wenn die Katze ihn anschließend dafür heftig ohrfeigt
Dosi(ne)	Abkürzung für *Dosenöffner* = Katzenhalter(in)
Feliceum	Katzenschule
Fellnase	Katze
Fellpopo	Katze
Flundermodus	Katze wittert eine Gefahr und hockt sich sehr flach auf den Boden
G-Punkt	Stelle direkt oberhalb der Schwanzwurzel Ihrer Katze; wenn Sie da drauf drücken, geht die Katze (sehr effektiv bei Katzen, die unschlüssig in der offenen Tür sitzen und nicht wissen, ob sie rein oder doch lieber raus wollen)
KaKlo	Katzentoilette

Kater	(1) Männliche Katze, (2) Zustand nach übermäßigem Alkoholkonsum
Katzenknigge	Benimmregeln für Katzen (Sozialverhalten, Rangordnung in der Gruppe, gewaltfreie Kommunikation etc.)
Katzensprung	Kurze Entfernung zwischen zwei Punkten, die korrekte Bezeichnung müßte „Menschenhopser“ lauten, weil Katzen gemessen an ihrer Körpergröße deutlich weiter, höher und präziser als ein Mensch springen
Katzenwäsche	Eine (nur) bei Menschen vorkommende deutlich verkürzte, Wasser und Seife sparende Form der Körperreinigung, die weder zu Sauberkeit noch zur Beseitigung störender Gerüche führt
Kobrapose	Katze preßt ihr Hinterteil flach auf den Boden, richtet gleichzeitig den Oberkörper hoch auf und fixiert das Objekt ihres Interesses
KraBa	Kratzbaum
Lauschangriff	Katze hockt vor einem Mäuseloch und wartet
Mantakater	Kater, der auch ohne Not im Schleichgang (Flundermodus) unterwegs ist
Mäusefunk	Plaudereien (Fiepen) von Mäusen,
Muskelkater	(1) durchtrainierte, männliche Katze, (2) Zustand des Menschen nach sportlicher Überanstrengung
NaFu	Naßfutter

Nili	Abkürzung für *Spielzeug*
PetDoc	Tierarzt
PetDoc fel.	Fachtierarzt für Katzen
PetDoc psych. fel.	Katzenpsychiater
Petologe	Wissenschaftler, der Wesen, Herkunft, Verbreitung, Verhalten, Gewohnheiten, Unsitten und Aussehen der Tiere erforscht
potent	Nicht kastriert
Richter	Nach Katze und Desinfektionsmitteln riechender Mensch, der eine Katze rundherum anstarrt, den Kopf schüttelt oder nickt und etwas aufschreibt
Romeo	Potenter Kater/Deckkater
Samtpfote	Katze
Stubentiger	Despektierlicher Begriff für Katze, Ausdruck wird von Nichtkatzenhaltern benutzt, Begriff bei Katzenhaltern eher verpönt

TA	Tierarzt
Tierarzt	Unangenehm riechender Mensch, der eine Katze anstarrt, ihre Temperatur mißt, ihr eine Pille in den Schlund steckt und sie mit einer Nadel sticht
TroFu	Trockenfutter
Tropfnase	Despektierlicher Ausdruck für „Hund“
Zipfelchen	Primäres Geschlechtsmerkmal des Katers

Zu guter Letzt

Ein Mann will die Katze seiner Frau heimlich loswerden und beschließt sie auszusetzen. Er nimmt die Katze mit ins Auto, fährt 20 Häuser weit, setzt die Katze aus und fährt heim. Zehn Minuten später ist die Katze wieder da.

„Na gut", denkt sich der Mann, „War vielleicht ein wenig zu kurz die Strecke."

Er setzt sich wieder mit der Katze ins Auto, fährt fünf Kilometer weit und setzt die Katze aus. Zwanzig Minuten später ist die Katze wieder zu Hause.

„Jetzt reicht's!" denkt sich der Mann, nimmt die Katze mit ins Auto und fährt 20 Kilometer über die Dörfer, dann durch den Wald, über eine Brücke, rechts, links, und setzt die Katze schließlich mitten im Wald auf einer Lichtung aus.

Eine halbe Stunde später ruft der Mann zu Hause an.

„Ist die Katze da?" fragt er seine Frau.

„Ja, warum?"

„Hol sie mal ans Telefon, ich habe mich verfahren ...!"

Unplanmäßg ist er bei Isabella eingezogen: Sir Henry Veneziano von Gukamien, Sohn von Sir Herbie, dem Legendären, und Sherry Lady von Gukamien, der Charakterkatze. Ein Kuhkater mit schwarzer Gesichtsmaske (Panzerknackermaske), Dackelbeinen und dem ausladenden Gang eines Cowboys, der 36 Stunden lang im Sattel gesessen und nicht geduscht hat. Sir Henry stellt Isabellas Leben völlig auf den Kopf. Innerhalb kürzester Zeit ist nichts mehr wie es mal war.

„Witziges Plädoyer für einen Chaoskater [...] absurde Komik. [...] turbulent, schnoddrig, witzig: Katzenfreunde werdens mit Freude fressen.“
Neue Presse

„Es ist ein Buch, das einlädt zum Schmökern – zwischendurch.“
Neue Westfälische

„Sir Henry und die Advokatin ringen darum, wessen Lebensstil sich im (ehemals) gepflegten Zuhause durchsetzt. Katzenfreunde werden an den Abenteuern ihren Spaß haben.“
Landeszeitung für die Lüneburger Heide

„... köstliche, leicht schnodderige, manchmal schadenfrohe, immer ironische Unterhaltung. ... Für Freunde von Isabella Renitentes Glossen, ist dieses Buch jedenfalls ein gefundenes Fressen.“
¡anda!

ISBN 978-3-8372-0409-4 15,90 EUR